N 국가직무능력표준시리즈 11

기계시스템설계
설계품질관리

고용노동부 · 한국산업인력공단

Jinhan **M&B**

차 례

(설계품질관리) 교재 개요 ·· 3

단원명 1. 사전예방 관리하기 ·· 6
  1-1. 안정성 여부 확인 ··· 6
  1-2. 안전성 검토기법 활용 설계방향 선정 ··· 14
  1-3. 기계 특성에 맞는 재질과 요소부품의 적정성 확인 ·· 21
  교수방법 및 학습활동 ·· 28
  평가 ··· 29

단원명 2. 설계 중 관리하기 ·· 31
  2-1. 개별 요소시스템의 구성 상태 확인 ·· 31
  2-2. 기계의 특성에 맞는 설계 검토 ··· 37
  2-3. 기계성능과 품질상태 확인 ··· 42
  2-4. 단계별 상호 적합성 검토 ··· 48
  2-5. V.E. 적용 방법 ·· 54
  2-6. 제작공정을 고려한 설계품질 ·· 62
  교수방법 및 학습활동 ·· 65
  평가 ··· 66

단원명 3. 사후 관리하기 ··· 69
  3-1. 설계품질관리와 표준 활용방법 ··· 69
  3-2. 설계종합계획 관리방법 ·· 76
  3-3. 품질관리 절차서 및 지침서 활용방법 ··· 82
  3-4. 설계출력물의 보관 및 이력관리 방법 ··· 92
  교수방법 및 학습활동 ·· 97
  평가 ··· 98

학습 정리 ·· 102

종합 평가 ·· 103

참고자료 및 사이트 ·· 108

(설계품질관리) 교재 개요

능력단위 학습목표
설계품질관리는 요구사양에 맞는 최적의 설계와 정확한 제작을 할 수 있는 기준을 관리함으로써 생산되는 기계가 최상의 품질상태를 유지하도록 할 수 있다.

선수학습
- 요소 공차 검토, 요소 부품 재질 선정, 형상 모델링 및 치공구 설계 능력단위의 이수를 선행하여 학습 준비를 한다.
- 제도 규격에 관한 지식, 산업 표준 규격에 관한 지식, 도면 분석 및 기계요소의 조립 방법에 대한 기초 지식을 필요로 한다.

교육훈련내용 및 훈련시간

단원명	세부 단원명	교육훈련시간
1. 사전예방 관리하기	1-1. 안정성 여부 확인 1-2. 안전성 검토기법을 활용한 설계방향 선정 1-3. 기계특성에 맞는 재질과 요소부품의 적정성 확인	-
2. 설계 중 관리하기	2-1. 개별 요소시스템의 구성 상태 확인 2-2. 기계 특성에 맞는 설계 검토 2-3. 기계 성능과 품질상태 확인 2-4. 단계별 상호 적합성 검토 2-5. V.E. 적용 방법 2-6. 제작공정을 고려한 설계	-
3. 사후 관리하기	3-1. 설계품질관리와 표준 활용방법 3-2. 설계종합계획 관리방법 3-3. 품질관리 절차서 및 지침서 활용방법 3-4. 설계출력물의 보관 및 이력관리 방법	-

설계품질관리

색인 목록

PL 관련 법규	7
신뢰성	14
재료의 선정과 품질	21
설계 입력요소	31
BOM	32
부품표	32
설계변경	35
설계검토	37
설계검토서	39
설계검증	42
제조 타당성	45
적합성 검토	48
가치공학	53
공정고려 설계	62
설계품질관리	69
FMEA	71
설계표준 활용	73
설계종합계획 관리	76
설계개발계획서	78
품질관리 절차서 및 지침서	82
ISO 9001	82
설계 출력물 보관	92

(설계품질관리) 교재 개요

능력단위의 위치

7		설계관리 레이아웃설계	진동/소음해석 최적화해석	
6	요소설계검증	메커니즘구성 동력전달장치설계 유공압시스템설계	유동해석 동적구조해석 내구해석	제어로직설계 제어인터페이스설계 제어시뮬레이션
5	체결요소설계 동력전달요소설계 치공구요소설계 유공압요소설계	요소부품설계검토 요소부품재질검토 요소부품제작성검토 설계품질관리	열응력해석	기계제어요구사항분석 기계제어요소선정 제어신호처리 제어성능시험평가
4	요소공차검토 요소부품재질선정	형상모델링 치공구설계	정적구조해석	제어사양서작성 공정흐름도작성 제어프로그램작성
3	3D형상모델링 도면해독		해석용모델링	
2	2D도면작성			
직능수준 / 직능유형	01. 기계요소설계	02. 기계시스템설계	03. 구조해석설계	04. 기계제어설계

설계품질관리

단원명 1   사전예방 관리하기

1-1   안정성 여부 확인

교육훈련 목표	• 유사사례, 관련법규 검토 등의 안정성 여부를 확인할 수 있다.

필요 지식   PL(제조품 책임), 품질 관련 법규

1 PL 제도란?

1. 제도의 목적

제조물책임(Product Liability, PL)법[제정 2000.1.12 법률 제6109호] 기계관련 제조물의 결함으로 인하여 발생한 손해에 대한 제조업자 등의 손해배상책임을 규정함으로써 피해자의 보호를 도모하고 국민생활의 안전향상과 국민경제의 건전한 발전에 기여함을 목적으로 한다. 특히 산업발달에 따라 유해독성물질(Chemical hazardous)의 대량방출은 이미 자연계에 중대한 위협요소가 되고 있다. 따라서 세계의 이런 중금속의 위험으로 인하여 세계보건기구(WHO), 미국환경보호청(EPA) 및 유럽 연합(EU) 등에서도 중금속 중 인류의 건강에 유해한 각종 중금속에 대한 규제농도를 일정 농도이하로 엄격한 규정을 하고 있다. 특히 현대사회 발전을 주도하는 산업형태가 대부분 공해 배출형이며, 문명의 고도화에 따른 에너지 다소비형의 생활 형태는 환경오염을 가속화시키고 있어 인류의 삶의 질적인 향상을 위해서는 인위적인 해결방안이 마련되어야 할 중대한 시점에 와 있다.

기계제품은 전·후방 산업에서 널리 사용되는 금속제품이나 기타 화학 관련 제품으로 구성되어 있기 때문에 구조적 안정성과 병행하여 중금속에 대한 독성이나 위험성을 내포하고 있어 제조물 책임소송에 노출되므로 인하여 해당 기업에 치명적인 피해를 줄 수 있다.

2. 적용 방법

제품의 안전설계, 개발, 생산, 유통, 폐기 등 전 과정을 통하여 안정성을 확보하고, 제품의 안정성 유지활동을 지속적으로 실시하여야 한다.

제품의 안정성 유지활동에 대한 하나의 예로서, 산업통상자원부 국가기술표준원은 소비자로부터 제품안전사고를 접수하여 리콜조치를 취하는 등 제품안정관리를 위해 2014년 초 제품안전정보센터를 설치하여 정보 수집 및 사고조사를 수행했다.

단원명 1. 사전예방 관리하기

소비자들의 적극적인 참여로 인하여 제품사고 신고접수 건수가 1월 4건에 불과하던 것이 3월부터는 10여건에 달해 점차 증가추세에 있으며 상반기 접수 건수 총 61건 중 48건에 대해 조사를 완료하였으며, 리콜조치 5건, 제품설계 변경 등 개선의견 통보 2건, 제품설명서 보완 1건, 품질관리 권고 3건의 개선조치를 했다고 한다.

<표1-1-1> 품목별 제품사고 신고 접수현황

분기	전기용품 (34)			공산품 (27)				합계
	냉난방기구	조명기구	가전제품	어린이제품	레저용품	가구	기타	
1/4	4	2	9	1	1	1	3	21
2/4	3	3	13	10	4	-	7	40
계	7	5	22	11	5		10	61

출처 : 국가기술표준원 보도자료

3. PL 관련 법규 요소

제조물 책임에 대비하기 위해서는 우선 관련법령과 기술기준을 조사 분석한 다음 위험성 요인별로 분류한 후 제품에 적용되는 법령이나 기준 중 가장 위험성이 높은 재품의 기준에 안전 기준을 설정한다. 이 기준을 기본으로 하여 위반제품에 대한 행정적인 규제가 이루어지며 제조물 책임에서는 이를 반드시 준수해야 한다. 특히 상기 법률을 준수하였다고 하여도 이는 최저 수준이므로 이를 반드시 준수할 경우에만 최저 면책이 이루어질 수 있다.

<표1-1-2> 국내 PL 관련 법규 내용과 해외 적용 내용

국내외 구분	법(령)명	관련 내용
국내	환경정책 기본법	• 환경정책의 기본이 되는 사항을 규정하기 위해 제정한 법률 (1990.8.1. 법률 제4257호) • 수질환경에 대한 허용 기준 제시 • 대기환경에 대한 허용 기준 제시 • 동법 준수를 위해서는 제품설계를 포함한 개발단계에서 위험성 요인 분석 후 위험성이 확인이 되었거나 의심이 되는 물질은 대체품으로 교체 • 불가피하게 제품을 생산해야 할 경우에는 동법에 규정한 기준 이상으로 엄격히 관리될 수 있도록 사내기준 확립
	대기환경 보전법	• 대기환경을 적정하게 보전하여 국민이 건강한 생활을 할 수 있도록 하기 위해 제정한 법률(일부개정 2009.05.21. 법률 제9695호) • 특정 대기 유해물질 및 오염물질 방출 허용 기준 제시 • 입자상 물질 허용기준 제시 • 용융, 제련, 열처리 시설 중 용융 용해로, 열처리로, 용광로, 정련시설에서 오염물질 방출 허용기준 준수 • 동법 준수를 위해서는 제품설계를 포함한 개발단계에서 위험성 요인 분석 후 위험성이 확인이 되었거나 의심이 되는 물질은 대체품으로 교체 • 특히 제품 생산 공정에서 동법에 규정한 기준 이상으로 엄격히 관리될 수 있도록 사내기준 확립

설계품질관리

국내외 구분	법(령)명	관련 내용
	수질환경 보전법	• 수질오염을 방지하고 수질보전을 도모학 위해 제정한 법률 (1990.08.01. 법률 제4260호) • 특정 수질 유해물질 및 오염물질 배출 허용 기준 제시 • 방류수 수질 기준 제시 • 동법 준수를 위해서는 제품, 설계 개발단계에서 위험성 요인 분석 후 위험성이 확인이 되었거나 의심이 되는 물질은 대체품으로 교체 • 불가피하게 제품을 생산해야 할 경우에는 동법에 규정한 기준 이상으로 엄격히 관리될 수 있도록 사내기준 확립
	폐기물 관리법	• 폐기물의 적정한 처리에 관한 사항을 규정한 법률 (전문개정 1991.03.08. 법률 제4363호) • 광재(廣才), 분진, 폐 주물사, 폐사. 폐 내화물 증 금속지금 및 제품 생산 공정 시 발생하는 유해물질 및 오염물질 배출 허용 기준 제시 • 동법 준수를 위해서는 제품, 설계 개발단계에서 위험성 요인 분석 후 위험성이 확인이 되었거나 의심이 되는 물질은 대체품으로 교체 • 불가피하게 제품을 생산해야 할 경우에는 동법에 규정한 기준 이상으로 엄격히 관리될 수 있도록 사내기준 확립
	수도법 및 먹는 물 관리법	• 수도의 설치관리에 관한 사항을 규정하기 위한 법률 (1961.12.31. 법률 제939호) • 먹는 물에 대한 수질 관리 및 위생 관리에 관한 사항을 정한 법률(1995.01.05. 법률 제4908호) • 음용수 관리 기준 및 먹는 물이나 먹는 샘물의 수질 관리기준 제시 • 본 분야에 적용되는 제품의 경우 제품, 설계 개발단계에서 위험성 요인 분석 후 위험성 이 확인이 되었거나 의심이 되는 물질은 대체품으로 교체 • 불가피하게 제품을 생산해야 할 경우에는 동법에 규정한 기준 이상으로 엄격히 관리될 수 있도록 사내기준 확립 • 본 법에 적용되는 제품의 경우 주의·경고표시 상의 결함예방대책 강구
	산업안전 보건법	• 근로자의 안전과 보건을 유지·증진을 도모하기 위하여 제정한 법률(일부개정 2009.02.06. 법률 제9434호) • 작업환경 유해물질 허용 농도 기준 제시 • 금속제품 생산 공장이나 본 제품을 응용하여 조립하는 생산 공정에서 유해물질 배출에 따른 강력한 관리 기준과 주의 경고를 통한 제조물책임 사고 발생 방지
해외	미국	• 음용수 기준과 작업장 환경기준에 따라 제조물책임대책 수립 • 대기환경보전법
	독일	• 작업장 안전규정에 의거하여 작업장의 유해물질 지침 농도 준수 • 음용수 기준과 작업장 환경기준에 따라 제조물책임대책 수립

2 관련 법규

제품의 안전성확보는 제품으로 인한 해당 제품의 소비자를 포함한 일반 국민의 생명·신체

단원명 1. 사전예방 관리하기

및 재산에 대한 피해를 방지하는 데 목적이 있다. 산업사회에 있어 현대인은 기계와 관련된 제품이나 설비가 없이는 생활을 할 수 없기 때문에 숙명적으로 제품을 구매, 사용 및 폐기하게 된다. 제품의 안전성을 소비자가 충분하게 파악하고 있으면 제품의 안전성은 국가에 의한 제품의 사전검사나 인증 등과 같은 제도로 제품의 제조자를 규제하지 않아도 충분하게 확보될 수 있을 것이다. 그러나 제품의 소비자는 구매하거나 사용하는 제품의 위해성에 대한 정보를 충분하게 알지 못하는 것이 현실이다. 특히 현대사회에서 고도로 복잡한 기술력을 바탕으로 생산되는 제품의 특성이나 위해성을 자세히 알도록 소비자에게 요구하는 것은 불가능하다.

1. 제품안전의 필요성

소비자가 가지고 있는 제품의 안전성 또는 위해성에 대한 불충분한 정보를 해결하기 위하여 국가가 개입할 수밖에 없다. 국가는 소비자가 제품으로 인하여 발생할 수 있는 생명, 신체 또는 재산에 대한 피해를 사전에 예방하기 위하여 불가피하게 제품의 제조자, 판매자, 수입자의 행위를 규제하게 된다. 그런데 제품의 제조자, 판매자 또는 수입자도 소비자와 같은 국민이고, 동시에 기본권의 주체이기 때문에 소비자의 안전을 도모한다는 목적만으로 국가의 모든 조치가 정당화되지 않는다.

2. 제품별 관련 국가의 법규

각 국마다 해당 국민들의 생명 및 안전과 관련하여 수입되는 제품이나 제조되는 제품 전체에 해당 제품의 검사 관련 법규와 기준표를 마련하고 있다. 국가별, 재료 및 제품, 법규 및 표준 기준, 제안 유·방출 함량, 검사표준 내용 등에 대하여 확인하여야 한다.

<표1-1-3> 우리나라의 강제 인증제도

대상 분야	운영 방식	관련 부처	관련 법률
전기용품	형식승인	기술표준원	전기용품안전관리법
공산품	안전검사	기술표준원	품질경영촉진법
압력용기	안전검사	산업통상자원부	고압가스안전관리법
가스용품	안전검사	산업통상자원부	액화석유가스안전및사업관리법
자동차	형식승인/제작인증	국토해양부	자동차관리법 대기환경보전법 소음진동규제법
건설기계	형식승인	국토해양부	건설기계관리법
항공기	형식승인/성능검사	국토해양부	항공법 항공우주산업개발촉진법
유선기기	형식승인	방송통신위원회	전기통신기본
무선기기	형식승인	방송통신위원회	전파법
전자파 장해기기	적합등록	방송통신위원회	전파법
환경측정기기	형식승인	환경부	환경기술개발및지원에관한법률
정수기	품질검사	환경부	먹는물관리법

설계품질관리

대상 분야	운영 방식	관련 부처	관련 법률
선박용 물건 등	형식승인	국토해양부	선박안전법
해양오염방지시설	형식승인	국토해양부	해양오염방지법
보호구	검정	고용노동부	산업안전보건법
위해,위험,기계,기구	성능검사	고용노동부	산업안전보건법
의료용구	안전검사	보건복지부	약사법
소방용 기계기구	형식승인	행정안전부	소방법

<표1-1-4> 우리나라 임의 인증제도

인 증	인증 기관	근거 법률
KS 제도	한국표준협회	산업표준화법
계량기	기술표준원	계량 및 측정에 관한 법률
QS 9000	한국품질인증센터	
품질경영인증제도	한국품질인증센터	품질경영촉진법
품질보증마크	한국생활환경시험연구원	
자본재우수품질인증제도	기술표준원	공업발전법
K 마크	한국산업기술시험원	공업발전법
중소기업우수제품마크	중소기업청	중소기업진흥및제품구매촉진에관한법률
농산물품질인증제도	국립농산물품질관리원	농수산가공산업육성및품질관리에관한법률
우수산업디자인마크제도	한국디자인진흥원	산업디자인진흥법
사후봉사우수기업인증제도	기술표준원	소비자보호법
고객만족인증제도	한국능률협회	
위생가공보증제도	FITI시험연구원	
고효율기기보급지원제도	에너지관리공단	에너지이용합리화법
에너지소비효율마크제도	에너지관리공단	에너지이용합리화법
국산신기술인정제도	한국산업기술진흥협회	기술개발촉진법
신기술상품표시제도	기술표준원	공업발전법
환경경영체제인증제도	한국품질인증센터	정보화촉진기본법
환경설비품질인증제도	한국산업기술시험원	환경친화적산업구조로의전환촉진에관한법률
환경마크	환경마크협회	환경기술개발및지원법률
우수재활용품질인증제도	기술표준원	
재활용제품품질보증제도	한국자원재생공사	
S 마크	한국산업안전공단	산업안전보건법
안전초일류기업제도	고용노동부	

3. 주요 품질 관련 인증 마크

(1) QS 9000 : 미국의 GM, 포드, 크라이슬러 3사가 자사에 납품하는 전세계 자동차 부품업계에 요구하는 품질 시스템 인증기준

(2) 품질보증마크 : 우리나라에서는 11가지로 되어 있다.

  (가) KS 마크 : 공산품의 품질을 정부가 정한 표준규격으로 공업기술수준이 낮았던 시절에 제정된 것으로 최소한의 규격기준이다.

(나) 품 마크 : KS 마크와는 별도로 정부가 품질관리가 우수한 업체의 제품에 주는 품질보증표시이다. 국제적으로 공인된 ISO 9000이 한국에 확산되자 1997년 6월 28일 폐지하였다.

(다) 검 마크 : 제품 하자가 발생하였을 때 인명이나 재산상의 피해가 우려되는 공산품의 안전도를 해당 검사기관이 평가하여 인정해주는 검사필증이다.

(라) Q 마크 : 제조업체가 원해서 임의로 부착하는 마크이다. 해당분야 민간시험소에 신청하여 품질기준에 합격해야 한다. 각종 품질인증마크 중 유일하게 환불보상제가 보장되어 불량품이거나 하자가 발생하면 현품으로 바꾸어주거나 100% 현금으로 보상받을 수 있다.

(마) 열 마크 : 열을 사용하는 기기재의 열효율과 안전도 등을 검사하여 에너지 관리 공단이 부여하는 합격증이다.

(바) 전 마크 : 전기용품 안전관리법에 따라 사고가 일어날 가능성에 대한 안전시험을 통과해야 받을 수 있다.

(사) QP(Good Package) 마크 : 포장이 뛰어난 상품에 부착하는 마크이다.

(아) EMI(Electromagnetic Interference) 마크 : 가전제품에서 발생하는 유해전자파를 억제하는 장치가 부착되었다는 표시이다.

(자) 환경 마크 : 재활용품을 원료로 사용하였거나 폐기시 환경을 해치지 않는 상품에 환경처가 주는 녹색상품제도이다.

(차) 태극 마크 : 한국귀금속 감정센터가 일정 품질 이상의 귀금속이라고 평가하여 우수한 공장에 주는 마크이다.

(3) S 마크 : 산업현장에서 사용되는 각종 기계/기구의 안전성을 향상시켜 산업재해를 예방하자는 취지의 제도이다.

3 기타 필요 지식

- 설계도면 해독지식 - 기계요소설계 세분류 내 도면해독 능력단위 교육·훈련교재 참고
- 요소부품 특성지식 - 기계요소설계 세분류 내 요소부품재질선정 / 기계시스템설계 세분류 내 요소부품설계검토, 요소부품재질검토, 요소부품제작성검토 능력단위 교육·훈련교재 참고
- KS 및 ISO 지식 - 기계요소설계 세분류 내 도면해독, 2D도면작성 능력단위 교육·훈련교재 참고

설계품질관리

실기내용   PL 관련 사례 조사, 기초 기술 학습

1. 2000년 5월 미국 고속도로 안전국(NHTSA)는 포드사의 익스플로러 차량 등에 장착된 15인치 파이어스톤사 타이어의 파손에 대한 Recall을 요청한 바 있다. 이 내용과 관련된 다음의 내용을 조사하여 정리하시오.

   1. 현상발견: 기계요소로써의 타이어의 기능

   2. 가능한 원인

   3. Recall 내용

2. 관련 법규 검토를 통한 설계 적합성 여부를 확인할 수 있는 예를 찾아 설명하시오.

3. 기계요소설계 세분류 내 도면해독, 2D도면작성, 3D형상모델링 교육·훈련교재를 기반으로 도면의 해독 및 작성 능력, 2D 모델링과 3D 형상 모델링 작업 능력에 대한 기술을 익히도록 하시오.

> ✔ 수행 Tip
> ○ 해당 능력단위에서 실기 연습을 위한 도면을 찾아 2D 혹은 3D 모델링 작업을 수행하고 그 과정에서 설계대상 요소의 시스템 내 기능을 익히는 동시에 도면화 과정을 익혀, 읽은 실습을 수행한다.

단원명 1. 사전예방 관리하기

장비 및 도구, 소요재료

구 분	명 칭	규격(사양)	1대당 활용인원
장 비	컴퓨터	공용	1
	문서관리프로그램	공용	1
공 구			
소요재료	복사지		

안전유의사항

1. 시스템을 구성하고 있는 요소 및 시스템에 대한 기술적 중요도 및 설계 기준 준수여부에 대한 검토 노력이 요구된다.
2. KS 및 ISO규격에 의한 도면의 작성법과 이를 적용한 도면을 해독할 수 있는 검토 가능 수준을 갖추도록 한다.

관련 자료

1. 공병채, 기계설계분야 모듈교재, 품질관리, 2013.09, 한국산업인력공단

설계품질관리

1-2 안전성 검토기법 활용 설계방향 선정

| 교육훈련 목표 | • 안전성 검토기법을 활용하여 고객의 요구에 부합되도록 설계방향을 적용할 수 있다. |

필요 지식   안전성 검토기법 적용

1 개요

제품 및 제품을 구성하고 있는 부품의 안정성은 신뢰성 시험을 통해 그 안정성 여부를 판단할 수 있다. 본 절에서는 신뢰성 시험을 통해 제품의 안정성을 판단하는 방법에 대해 소개하고자 한다.

1. 제도의 목적

신뢰성이란 제품이나 장비가 의도한 용도에 주어진 기간 동안 충족하게 가동되는 시간적 안정성을 나타내는 기계적 혹은 물리적 성질을 말한다. 다시 말해서, 시간의 변화에 따른 제품의 품질변화 성질을 일컫는 용어로 요구하는 기능과 성능이 그 역할을 안전하게 하는지에 대해 판단하는 것이다. 신뢰도는 신뢰성의 정량적 표현으로서 신뢰도 함수를 사용하고 시스템, 기기 및 부품 등이 정해진 사용조건에서 목적하는 기간 동안 정해진 기능을 발휘할 확률로써 고장 나지 않고 사용될 수 있는 확률을 통칭한다. 신뢰성을 나타내기 위해서는 ① 제품의 사용 조건 및 환경 조건을 규정하고, ② 시간에 상당하는 측도(반복 회수, 주행 거리 등)에 대한 확률로 표현하고, ③ 제품의 기능 혹은 고장을 명확하게 정의하여야 한다.

(1) 신뢰성 시험의 필요성

(가) 시스템의 고장 현상이 고도화, 복잡화, 대형화되어 고장이 빈번히 발생하고 있다.
(나) 시스템 혹은 제품이 가지고 있는 기능이 사용자 생활과 밀접한 관계를 갖게 되어 고장이나 결함으로 인해 발생하는 피해가 생활에 큰 영향을 미친다.
(다) 제품 개발 주기가 짧아짐에 따라 다수의 관계자를 포함한 복잡한 기업 조직을 통해 예정대로 품질보증을 확보하도록 요구되고 있다.
(라) 신기술 개발 기간이 단축되고 신소재나 신제품이 출시되어 이에 대한 안정성이나 수명 등을 합리적으로 평가할 새로운 기술이 필요하게 된다.
(마) 제품의 사용자가 제품을 사용할 때 경제성에 관심을 더 갖게 되고, 서비스나 보전 비용을 포함한 수명주기 비용에 대한 사고를 중요시 한다.
(바) 고객 위주의 품질정책에 따라 안전, 환경문제 등이 기업의 제조물 책임을 가중시키고 이에 대처하기 위한 기술적 방어 방법이 필요하게 된다.

(2) 신뢰성 주요 규격

신뢰성 시험의 규격은 주로 무기를 포함한 군용시스템 개발 및 조달에서부터 출발하였기 때문에 미 국방부가 주도하는 군용규격(MIL-STD)을 기반으로 발전하고 있다. 국내의 경우 한국산업기술진흥원에서 관리하고 있는 'MCT-NET(소재부품종합정보망)'에서 기계부품 관련 신뢰성 민간인증 제도를 확인할 수 있다. 기계부품의 경우 현재 410개 기계부품에 대한 인증을 한국기계연구원, 한국산업기술시험원에서 실시하고 있다.

(3) 신뢰성 관리

(가) 신뢰성 관리 절차

성능과 신뢰성은 보전성과 가동성이 높은 제품을 경제적으로 제조, 판매하기 위해 제품의 개발단계에서부터 설계, 제조, 판매 및 사용에 이르기까지 제품의 전생애주기에 걸쳐 신뢰성을 확보하고 유지하기 위한 종합적인 관리활동이다. 또한, 신뢰성 관리를 효과적으로 실시하려면 사전에 설정된 신뢰성 목표를 달성하기 위해 일련의 절차에 따라 조직적으로 활동하여야 한다. 따라서 신뢰성 관리는 아래 그림과 같이 크게 고유 신뢰성과 사용 신뢰성으로 구분될 수 있다.

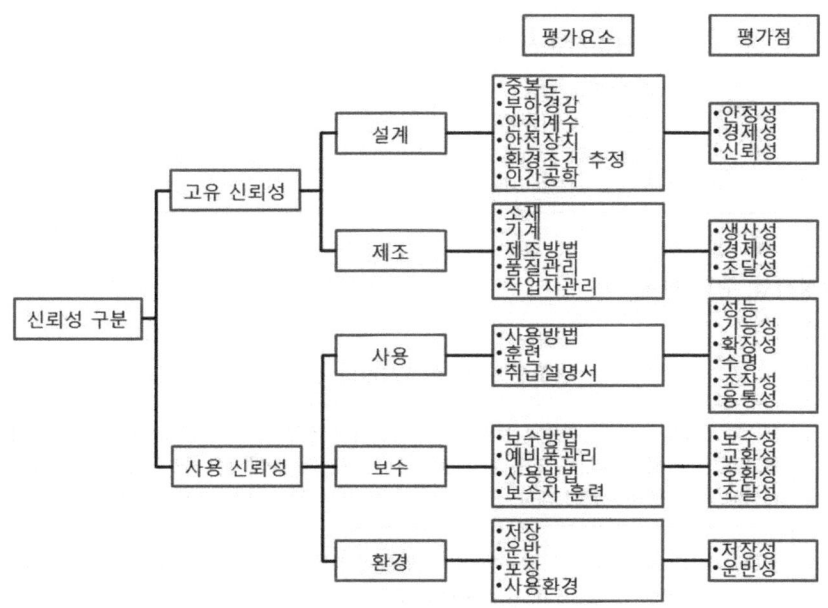

[그림1-2-1] 고유 신뢰성과 사용 신뢰성 비교

고유 신뢰성은 제품 본래의 신뢰성이며, 제조 기업에서 보증하여야 할 신뢰성부분이다. 고유 신뢰성에서 특히 중요시되는 것은 설계 기술이다. 이미 갖추어진 과거의 경험을 바탕으로 사용 상황도 고려한 설계가 되어야 한다. 고유 신뢰성은 사용 신뢰성을 적절히 고려하여 제품에

설계품질관리

적용시키는데 이 때 다음과 같은 내용에 대해 유의하여야 한다.
- 제품이 사용되는 방식, 제품이 받게 될 응력의 형태
- 보유 신뢰성과 사용 신뢰성과의 관계
- 사용 시 보전성, 용이함, 안정성
- 고유 신뢰성을 적용할 때 얻어지는 고장 데이터와 실제 사용 시 얻게되는 데이터를 해석하여 이를 고유 신뢰성과 사용 신뢰성 향상에 피드백

이상과 같은 특성을 지닌 고유 신뢰성의 제고 방법을 설계 단계와 제조 단계로 구분하여 설명하면 다음과 같다.

<표1-2-1> 고유 신뢰성의 제고 방법

설계 단계	・중복 설계 방법 활용 ・제품의 단순화 ・고신뢰도 부품 사용 ・고장 영향을 감소시키는 구조적 설계방안 강구 ・디레이팅 설계 ・부품 및 조립품의 단순화와 표준화 ・신뢰성 시험 자동화
제조 단계	・제조 기술 향상 ・제조 공정 자동화 ・제조 품질 통계 처리 ・부품과 제품의 시험

(4) 신뢰성시험 주요 항목
  (가) 환경시험

<표1-2-2> 환경시험의 분류

온도 및 습도	온도와 습도의 변화는 제품의 생명 주기 동안 가장 일반적으로 환경에 미치는 영향이다. 제품에 큰 영향을 미치는 시험은 가속 환경챔버에서 수행된다. 시험 절차 표준 또는 고객 요구 테스트 사양에 따라 전기 오류에 대한 구성 요소 및 장치의 신뢰성 테스트에 필요한 요소이다.
열 충격	열팽창계수가 다른 이유로 치수변화와 동일한 인자의 조사, 시료의 특성과 접착력 변화의 동반 발생, 큰 열용량을 가진 액체의 사용으로 짧은 시간에 열로 인한 응력의 효과 증가의 목적으로 실시한다. 구성 요소 또는 장치 시험은 -40℃에서 120℃까지 급격한 온도 변화를 주어 반복적으로 응력시험을 실시한다. 열 충격 시험은 제품 검증 목적을 위해 데이터 수집에도 활용된다.
HALT HAST	Highly Accelerated Life Test와 Highly Accelerated Stress Test의 준말로 이 시험들은 파괴 특성을 알아보는 시험이다. 시험상태의 장비는 고온, 고습에서 오랜 시간동안 가혹한 조건에서 시험한다.

풍동/우적 시험	바람과 비에 노출되는 외부환경에 대한 신뢰도 있는 제품을 설계하는데 필요한 시험이다. 강한 바람과 폭우 시 사용할 수 있도록 설계되어야 하며, 비를 동반한 바람일 경우 40 m/s로, 비가 동반되지 않을 경우 67 m/s의 속도로 시험한다. 바람, 구름, 비와 관련된 시험은 텔코 디아 (GR-487-core)에 따라 시험한다.
부식 시험	염소분무시험은 제품품질과 보호코팅의 균일성을 평가하는데 유용하다. 해안지역이나 적설량이 많은 지역의 장비와 재료는 소금 스프레이 분위기에 노출되어 있다. 겨울철 도로에 살포된 염화칼슘과 소금기를 품은 안개가 도로 위에 많이 분포되기 때문에 이와 유사한 조건인 염수분무 챔버에서 시험을 실시하며, PH농도를 높게하여 가속수명 시험을 한다.
수밀성	이 시험은 기밀을 요하는 장비나 장치에서 압력을 가하여 수밀성에 대한 시험을 실시하며, 적용할 공통 표준인 IEC 60529을 참고한다.
내연성	내화제성을 시험한다.

(나) 기계적 시험

<표1-2-3> 환경시험의 분류

진 동	제품의 사용 및 운반 중에 발생할 진동의 영향을 시험한다.
낙하 시험	제품의 사용 환경에 맞추어 일정 높이에서 떨어뜨려 시험한다.
재료 시험	양산 전 부품에 사용할 재료의 특성을 확인하기 위해 시험한다.

(5) 신뢰성 시험 종류

온도 사이클, 습도 사이클, 저온/고온 동작 시험, 내습포장, 온도 step stress, 진동시험, 충격시험, 자유낙하 시험, 압축 하중시험, 수명(내구수명, 고온수명)시험 등이 있다.

(6) 시험상태
(가) 표준 환경조건과 기준 환경조건

<표1-2-4> 환경 조건

구 분	표준 환경조건	기준 환경조건
온도 (℃)	15~35	20
상대습도 (%)	45~75	63~67
기압 (mb)	360~1030	1013

설계품질관리

(나) 표준 측정조건과 기준 측정조건

<표1-2-5> 측정 조건

구 분		표준 측정조건	기준 측정조건
전원 구분	전원 변환장치 사용	정격±10%	정격전압
	전원 미사용 SMPS구동 타입	규정된 Min-Max (설계 기준치)	정격전압
	전원 주파수	50/60 Hz±3Hz	50/60 Hz
	전원의율	5%이하	0%
신호	TTL	+5V±0.27%	+5V
	ECL	-0.7V±5%	-0.8V~106V
	Analog	+0.7V±1%	+0.7V

(7) 신뢰성 시험 구비조건

시험재료, 도면, 제품설명서, 해당 매뉴얼, 신뢰성 시험 장비 (온도 및 습도 시험장치, 내열/열충격 시험장치, HALT/ HAST 시험장치, 부식내구 시험장치, 수밀 시험장치 등)

장비명(영문명)	모델명	제조국	장비유형	평가기관
날림 모래 시험장비(Blowing Sand T	자체 설계 제작	한국	신뢰성평가장비	한국기계연구원
오염 유체 이용 가속 시험 장비(Acce	자체 설계 제작	한국	신뢰성평가장비	한국기계연구원
수직형 날림먼지 시험장비(Vertical E	DT-1000C	대만	신뢰성평가장비	한국기계연구원
100톤급 인장압축 시험기(100tf Tensi	자체설계제작	한국	신뢰성평가장비	한국기계연구원
수중복합환경시험장비(Underwater c	자체 설계 제작	한국	신뢰성평가장비	한국기계연구원
하이드로미케니컬 다이나모메터 시스	자체 설계 제작	한국	신뢰성평가장비	한국기계연구원
변속 제어장치 시험 시스템(TCU(Tra	RC-6-9/20, TB 2/10, BODAS-3.0	독일	신뢰성평가장비	한국기계연구원
급속 냉각 및 히팅 시스템(Rapid Refi	EXCAL 1423 HE	프랑스	신뢰성평가장비	한국기계연구원
드라이브 유니트 신뢰성평가장비(Dri	자체 설계 제작	한국	신뢰성평가장비	한국기계연구원
온도계 신뢰성평가장비(Thermomete	자체 설계 제작	한국	신뢰성평가장비	한국기계연구원
히스테리시스 부하제어 시스템(Hyste	자체 설계 제작	한국	신뢰성평가장비	한국기계연구원
40,000 Nm급 비틀림 피로시험기(40,0	자체 설계 제작	한국	신뢰성평가장비	한국기계연구원
환경챔버 부착형 5톤급 압축 인장 시	자체 설계 제작	한국	신뢰성평가장비	한국기계연구원
20톤급 압축 인장 시험장비(20ton Co	자체 설계 제작	한국	신뢰성평가장비	한국기계연구원
엔진 과도 시험 시스템(Engine Trans	자체 설계 제작	한국	신뢰성평가장비	한국기계연구원
급속냉각환경 챔버(Quick Freezing E	자체 설계 제작	한국	신뢰성평가장비	한국기계연구원

[그림1-2-2] 신뢰성평가장비 예시 (한국기계연구원 보유)

(8) 신뢰성 시험보고서 작성

시험 결과 값과 적용한 규격을 비교하여 판정을 내린다. 결과는 환경시험 보고서에 시험 개요(목적, 실시기간, 시험재료 등)결과를 요약하고 시험데이터의 판정, 결론을 작성하여 관련 부서에 통보한다. 단, 개념설계 단계에서는 신뢰성 시험 적부에 관계없이 필수적으로 실시한다.

단원명 1. 사전예방 관리하기

| 실기내용 | 신뢰성 관련 자료 검토 |

① MCT-NET(소재부품종합정보망)에서 제공하는 기계부품 관련 신뢰성인증 목록을 확인하고 활용 및 대응방법을 세워보시오.

번호	분야	평가기관	품목	평가기준명	기준번호
2	410	기계부품	한국기계연구원	Flexible hose & Fitting	건설중장비용 퀵커넥터 유압호스 조립체	RS-KIMM-2014-0211
3	409	기계부품	한국기계연구원	열교환기	고압용 브레이징 판형 열교환기	RS-KIMM-2014-0210
4	408	기계부품	한국기계연구원	유압필터	수처리용 디스크 필터	RS-KIMM-2014-0200
5	407	기계부품	한국기계연구원	로터리 조인트	굴삭기용 센터 조인트	RS-KIMM-2014-0199
6	406	기계부품	한국기계연구원	베어링	초저온 펌프용 볼 베어링	RS-KIMM-2014-0198
7	405	기계부품	한국기계연구원	베어링	산업용 베어링 유닛	RS-KIMM-2014-0197
8	404	기계부품	한국기계연구원	에어컨디셔너	IT장비용 국부 냉각시스템	RS-KIMM-2013-0196
9	403	기계부품	한국기계연구원	문(도어)	전자파 차폐용 문 세트	RS-KIMM-2013-0195
10	402	기계부품	한국기계연구원	커플링	비접촉식 영구자석커플링	RS-KIMM-2013-0194
11	401	기계부품	한국기계연구원	Water Valve	원통 디스크형 제수 밸브	RS-KIMM-2013-0193
12	400	기계부품	한국기계연구원	냉매 압축기	인버터식 스크롤 압축기	RS-KIMM-2013-0192
13	399	기계부품	한국기계연구원	공압밸브	공기압 종압 밸브	RS-KIMM-2013-0191
14	398	기계부품	한국기계연구원	토크 리미터	공작기계용 토크 리미터	RS-KIMM-2013-0190
15	397	기계부품	한국기계연구원	변속기	휠 굴삭기용 유압식 변속기	RS-KIMM-2013-0189

[그림1-2-3] MCT-NET 기계부품 신뢰성인증 목록 예시

② 설계하고 있는 부품 혹은 제품에 적용될 수 있는 신뢰성시험 항목을 알아보고 해당 요소의 기능과 신뢰성과의 관계를 정립하여 보시오. 아래 그림은 신뢰성 인증을 받기 위한 절차이다.

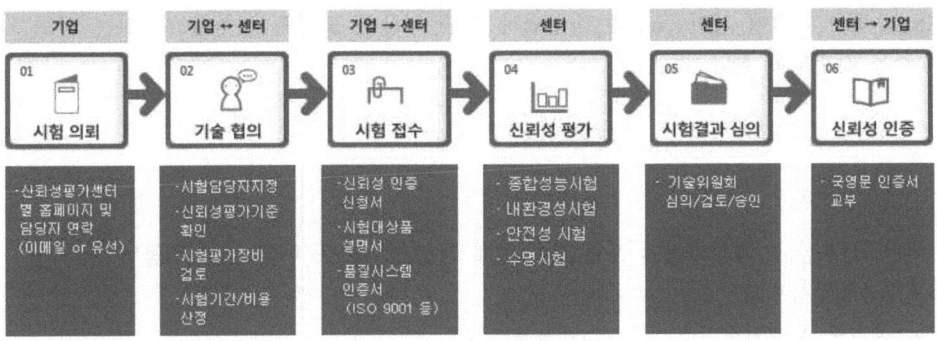

[그림1-2-4] 신뢰성 인증 절차

✔ 수행 Tip
o 신뢰성 인증은 민간인증이며, 기업이 필요한 경우 제품의 신뢰성에 대한 자료가 필요한 경우 해당 기관(한국기계연구원, 전자부품연구원, 한국산업기술시험원, 한국기계전기전자시험연구원, 자동차부품연구원)에 시험을 의뢰할 수 있다.

설계품질관리

장비 및 도구, 소요재료

구 분	명 칭	규격(사양)	1대당 활용인원
장 비	컴퓨터	공용	1
	문서관리프로그램	공용	1
공 구			
소요재료	복사지		

안전유의사항

1. 시스템을 구성하고 있는 요소 및 시스템에 대한 신뢰성 관련 기술의 중요도 및 신뢰성 설계 기준 준수여부에 대한 검토 노력이 요구된다.
2. KS 및 ISO 규격에 의한 도면의 작성법과 이를 적용한 도면을 해독할 수 있는 검토 가능 수준을 갖추도록 한다.

관련 자료

1. 한석만, 석호삼, 기계설계분야 모듈교재, 설계 검증, 2013.12, 한국산업인력공단
2. 소재부품종합정보망, http://www.mctnet.org
3. 미국 국방부 홈페이지, http://www.defense.gov

단원명 1. 사전예방 관리하기

1-3 기계 특성에 맞는 재질과 요소부품의 적정성 확인

| 교육훈련 목표 | • 요구되는 기계의 특성에 적합한 재질과 요소부품의 선정이 적정한지 판단하고 확인할 수 있다. |

필요 지식   재료 선정

1 재료 선택

1. 개요

재료는 각각의 특성, 용도, 장점, 한계를 갖고 있으면서, 오늘날에는 사용할 수 있는 재료의 범위가 점점 넓어지고 있다. 간단하더라도 설계할 때에는 적절한 재료를 선택해야 하고 부품의 생산에 사용되는 제조 방법을 결정해야 한다. 이 두 인자는 밀접히 연관되어 있고 선택은 형태, 모양, 비용 등에 영향을 미친다. 이러한 요소는 제품의 상업적 성공과 실패를 결정한다. 설계가 더 복잡해지고 더 많은 부품들이 연관됨에 따라 적절한 재료와 방법을 선택하는 과정은 더 어려워진다. 설계자는 재료의 특징에 익숙해져야 하고 훌륭한 결정을 보장하는 방법들을 숙지하여야 한다.

2. 재료 종류

기계재료는 기계에 사용되고 있는 모든 재료로 금속재료와 비금속재료를 통칭한다. 기계재료로써 가장 많이 사용되는 금속재료는 철계 재료와 비철계 재료로 분류된다. 철계 재료는 순철(Pure Iron), 강(Steel), 주철(Cast Iron) 및 합금강이 있다. 비철계 재료에는 구리(Cu), 알루미늄(Al), 마그네슘(Mg), 니켈(Ni), 티타늄(Ti), 아연(Zn), 납(Pb), 주석(Sn) 등과 그 합금이 있다. 철계와 비철계 주요 재료는 다음과 같다.

(1) 철계 재료
 (가) 순철: 암코철, 카르보닐철, 전해철 등
 (나) 강(탄소강): 일반구조용강, 기계구조용강, 탄소공구강, 주강 등
 (다) 주철: 회주철, 가단주철, 연성주철, 칠드주철, 고합금주철 등
 (라) 합금강(탄소강+비철계금속): 구조용합금강, 공구용합금강, 특수용도합금강

(2) 비철계 재료
 (가) 구리와 그 합금(황동, 청동)

설계품질관리

(나) 알루미늄과 그 합금(주조용합금(Y합금 등), 단련용합금(두랄루민 등))
(다) 마그네슘과 그 합금(다우메탈, 일렉트론)
(라) 니켈과 그 합금(인바, 엘린바, 플래티나이트, 퍼멀로이, 콘스탄탄 등)
(마) 티타늄과 그합금(니티놀 등)
(바) 아연, 납, 주석과 그 합금

(3) 제품설계를 위한 다양한 재료는 다음과 같이 분류할 수 있다.

<표1-3-1> 재료의 분류

재료	특성
금속	금속재료는 철금속, 비철금속으로 분류되면 가장 중요한 재료이다. 철금속은 기계적 특징을 가진 쇠로 만든다. 비철금속은 구리, 알루미늄, 납 같은 재료로 구성된다.
세라믹, 유리	금속과 비금속의 공통적인 특성이다. 부서지기 쉽고, 열적으로 안정하며, 금속과 비교해 더 많은 저항을 띠는 훌륭한 절연체이다. 금속보다 경도가 높고 열팽창이 작다.
나무, 유기화합물	나무와 식물에서 얻는다. 중요한 이점은 재활용이 가능한 자원이라는 점이다. 단점은 습기를 흡수하고 부패를 막기 위한 특수 조치가 필요하며 불에 타기 쉽다는 점이다.
폴리머, 플라스틱	온도에 따라 점도가 바뀌기 때문에 주어진 형태로 변하기 쉽다. 중합체는 여러 장점이 있다. 훌륭한 절연체로서 화학물질과 습기에 저항력이 있다. 표면 마무리가 부드럽고 색을 칠할 필요 없이 다양한 색이 가능하다. 하지만 중합체는 단점이 있는데 강도가 약하고 자외선에 약하다. 모든 온도에서 과도한 크리프(Creep) 특성이 존재한다.

2. 재료의 특성

재료를 선택할 때는 우선 기계적 성질-강도, 인성, 경도, 탄성, 피로, 크리프 등을 고려하여야 한다. 재료의 비강도(중량대비 강도) 및 비강성(중량대비 강성)도 역시 중요하며, 특히 항공기 및 자동차용에는 아주 중요하다. 알루미늄, 티타늄, 강화플라스틱 등은 강이나 주철에 비해 높은 비강도와 비강성을 갖고 있다. 제품과 부품에 필요한 기계적 성질은 그 제품의 작동조건에 적절한 것이라야 하며, 기계적 성질을 고려한 후에는 밀도, 비열, 열팽창 및 전도, 용융점, 전기적 및 자기적 성질과 같은 물리적 성질을 고려하여야 한다. 재료의 화학적 성질은 정상적 환경이나 가혹한 환경에서 중요한 역할을 하는데 재료의 산화, 부식, 일반적인 성질의 열화, 독성, 가연성 등은 고려되어야 할 중요한 요소들이다. 일부 민간 항공기 사고에서 항공기객실 내부의 비금속재료들이 타면서 유독가스를 방출하여 많은 사상자가 생긴 경우도 있다.

(1) 금속의 공통적인 성질

일반적으로 상온에서 고체이며 결정체이다. 열 및 전기의 양도체이며 금속 특유의 광택이 있다. 또한 전연성이 커서 가공성이 우수하고 비중, 용융점, 경도가 비교적 크다.

(가) 물리적 성질
비중, 용융점, 선팽창계수, 열전도율, 전기전도율, 자성 등

(나) 기계적 설질: 연성, 전성, 항복점, 강도, 경도, 인성, 취성, 피로 등
 • 강도 : 재료에 외력를 가하면 변형되거나 파괴되는데 이 외력에 대해 저항하는 최대 저항력, 즉 외력에 견디는 힘으로 작용하는 하중 방향에 따라 인장강도, 압축강도, 전단강도, 굽힘강도, 비틀림강도 등이 있다.
 • 경도 : 재료의 내마모성을 알기 위해 기계적인 단단함의 정도를 경도 시험한 수치로 표시한 것이다. 브리넬시험(HB), 비커스시험(HV), 로크웰시험(HRB, HRC), 쇼어시험(HS)이 있으며 주로 열처리 된 단단한 재료는 로크웰시험으로 표시한다.

(다) 화학적 성질: 내열성, 내식성, 내산성 등

(라) 제작상 성질: 주조성, 소성가공성, 절삭성, 용접성, 열처리성 등

<표1-3-2> 재료의 기계적 성질(상온상태)

구분	재 료	E(MPa)	UTS(MPa)	연신율(%)
금속	알루미늄	35	90	45
	알루미늄합금	35-550	90-600	45-4
	베릴륨	185-260	230-350	305-1
	콜로비움(노비움)	205	275	30
	구리	70	220	45
	구리합금	76-110	140-1310	65-3
	철	40-200	185-285	60-3
	강	205-1725	415-1750	35-2
	납	7-14	17	50
	납합금	14	20-55	50-9
	마그네슘	90-105	160-195	15-3
	마그네슘합금	130-305	240-380	21-5
	몰리브덴합금	80-2070	90-2340	40-30
	니켈	58	320	30
	니켈합금	105-1200	345-1450	60-5
	탄탈륨합금	480-1550	550-1550	40-20
	티타늄	140-550	275-690	30-17
	티타늄합금	344-1380	415-1450	25-7
	텅스텐	550-690	620-760	0
비금속	세라믹		140-2600	0
	유리		140	0
	유리섬유		3500-4500	0
	그라파이트섬유		2100-2500	0

설계품질관리

구분	재 료	E(MPa)	UTS(MPa)	연신율(%)
	열가소성 플라스틱		7-80	5-1000
	강화 열가소성 플라스틱		20-120	1-10
	열경화성 플라스틱		35-170	0
	강화 열경화성 플라스틱		200-520	0

3. 재료의 가공특성에 따른 주요 제조 방법

재료의 가공특성은 주조, 성형, 절삭, 용접, 열처리 등으로 재료가 얼마나 용이하게 가공될 수 있는가를 결정해 준다. 재료를 가공하는 방법에 따라 제품의 최종 성질과 사용수명이 변경될 수 있다. 재료를 기본 형태로 바꾸는데 필요한 주요 제작법은 다음과 같다.

<표1-3-3> 재료의 가공법

분 류	특 징
주조 (Casting)	제조과정의 첫 단계로 널리 사용되는 방법이다. 주조할 때 재료는 초기 형태를 유지한다. 고체는 녹일 수 있는 온도로 가열한다. 녹인 재료를 필요한 모양의 주형에 붓는다. 주조용 재료는 크기나 무게에 있어 1인치에서 몇 야드까지 이른다. 지퍼의 이나 선체의 후미가 전형적인 예라고 할 수 있다.
단조 (Forging)	고성능을 내는 가장 중요한 제조방법이다. 압력을 가해 재료의 기본 모양을 바꾸는 방법이다. 압력을 가하는 방법은 기계적 압력, 수압, 해머로 내려치는 것 등이다. 크랭크축, 렌치, 연결봉 같은 단조로 만든 것이다. 단조한 재료는 뜨겁거나 차갑다.
기계가공 (Machining)	최종 제품을 만들기 위해 크기, 모양, 마감질 같은 요청서 내용에 따라 재료의 필요 없는 부분을 없애는 방법이다. 깎기, 구멍 뚫기, 갈기, 드릴링 같은 많은 과정이 있다.
용접 (Welding)	서로 다른 방법으로 제작된 재료를 조합하는 다용도 제작방법이다. 압력과 표면조건의 조합에 따라 두 재료를 붙여 영구히 결합시키는 것이다.

4. 재료의 가용성과 가격

원자재, 중간재, 가공부품의 가용성과 가격은 가공에 있어 아주 중요한 사항들이다. 제품이 경쟁력을 가지려면 재료를 선택할 때 기술적 측면에서 재료의 성질 및 특성을 고려해야 할 뿐 아니라 경제적 측면도 중요하게 고려하여야 한다. 원료나 1차 가공재료가 필요한 물량, 형상, 치수에 부족하다면, 대체 재료나 추가공정이 필요해지고, 이로 인해 제품가격이 상승될 수 있다. 예를 들어 표준규격에 없는 특정직경의 환봉이 필요하다면, 직경이 큰 봉을 구입하여 기계가공, 다이를 통한 인발, 연삭 등의 가공법으로 직경을 줄여야 할 것이다. 원자재의 수요뿐 아니라 안정적 공급 또한 가격에 영향을 준다. 많은 국가에서는 생산에 필요한 수많은 원료들을 수입하고 있으며, 원자재의 안정된 수급을 위해서는 상대국과의 정치적인 관계도 고려되어야만 한다. 재료의 가공 시에는 가공법에 따라서 가격이 다르게 되는데, 어떤 가공법은 고가의 기계를 필요로 하는 반면, 다른 가공법은 인건비가 비싸거나 또는 숙련된 기술이나 고도의 전문교육을 받은 인력을 필요로 하는 경우도 있다.

단원명 1. 사전예방 관리하기

5. 외관, 사용수명, 폐기

재료가 가공되어 제품화된 후의 외관은 소비자의 기호에 영향을 주게 된다. 소비자가 구매를 결정할 때 항상 고려하는 제품의 특성은 색상, 느낌, 표면질감 등이며, 마모, 피로, 크리프, 치수안정도와 같이 시간이 지난 후 사용 중에 나타나는 현상도 역시 중요하다. 이 현상들은 제품의 성능에 심각한 영향을 주게 되므로 적절히 제어되지 않으면 제품의 완전파손으로 이어질 수도 있다. 제품에 사용되는 재료의 적합성도 중요한데, 마찰과 마모, 부식 및 기타 현상으로 제품의 수명이 단축되거나 파손될 수도 있다. 종류가 다른 금속으로 만들어진 부품이 서로 접촉하고 있는 경우, 동전기(動電氣)의 작용으로 부식이 일어나는 예도 있다. 깨끗하고 건강한 환경을 이루려는 시대에는 제품의 사용수명이 다한 후에 재료의 재사용이나 적절한 폐기방법이 점점 더 중요해지고 있다. 그 예로, 썩는 포장용지, 재활용 유리병, 알루미늄 음료캔의 사용이 증되고 있다. 독성폐기물질을 적절하게 폐기하는 것도 중요한 고려사항이다.

실기내용 재료 선정 시 유의할 사항과 예제

1️⃣ 설계하고 있는 부품에 적용할 기계재료 선정 및 검토 시 고려할 사항에 대해 관련 자료를 찾아 분석해 보시오

2️⃣ 금속 재료를 분류하고 강, 합금강, 주철의 용도별 종류를 설명하시오

3️⃣ 다음의 재료 선정과 관련된 내용을 읽고 실무에서 재료 선정에 참고 하시오

부적절한 재료나 가공공정을 선택하거나 공정변수를 잘못 조절하여 제품이 파손되는 사례가 많다. 부품이나 제품은 다음의 경우에 해당될 때 파손되었다고 간주한다.
1. 기능의 정지 : 축, 기어, 볼트, 케이블, 터빈 블레이드의 절손
2. 요구되는 제원 내에서 제대로 기능을 발휘하지 못함 : 베어링, 기어, 공구, 금형의 마모
3. 더 이상 사용할 경우 신뢰성이 없어지거나 위험할 때 (권선기에 감긴 닳은 케이블, 축의 균열, 전자회로 내에서의 접촉불량, 강화플라스틱 판 내부의 층간박리)

재료가 가공되어 제품화된 후의 외관은 소비자의 기호에 영향을 주게 된다. 설계불량, 부적절한 재료선택, 재료결함, 가공 중에 생기는 결함, 부적절한 조립, 제품의 부적절한 사용 등에 기인하는 부품 및 제품의 파손유형을 설계자들은 재료를 선정 및 판단 시 함께 고려하여야 한다.

4️⃣ 요구 혹은 제시되는 기계의 특성에 적합한 재질과 요소부품의 선정이 적정한지 판단하고 확인된 사항을 나열하시오

설계품질관리

5 드라이버의 재료 선정 예시

일반적인 드라이버는 [그림 1-3-1]과 같은 탄소강으로 만들어진 날과 샤프트를 가지고 있다. 강철이 선정된 이유는 탄성계수 때문이다. 탄성계수는 재료가 탄성변형이나 굽힘을 견디는 정도를 말한다. 만약 폴리에틸렌과 같은 고분자 재료를 이용하여 샤프트를 만들었다면 드라이버 사용 시 심하게 비틀렸을 것이다. 높은 탄성계수는 재료의 선정에 있어서 중요한 기준중의 하나이다. 그러나 이것만이 있는 것은 아니다. 드라이 샤프트는 높은 항복강도를 가져야만 한다. 그렇지 않으면 드라이브를 심하게 돌렸을 경우 휘거나 비틀릴 것이다. 드라이브의 날은 높은 경도를 가져야만 한다. 그렇지 않으면 나사헤드에 의하여 드라이브 날이 심한 손상을 입게 될 것이다. 마지막으로 샤프트나 날의 재료는 앞에서 언급된 성질들을 만족해야 할뿐더러 파손에도 강해야 한다. 예를 들어 높은 탄성계수, 높은 항복강도, 높은 경도를 가지는 유리 같은 재료는 너무 깨지기 쉽기 때문에 드라이브를 만드는 재료로 적합하지 않다. 더 정확히 얘기하면 강철은 높은 파괴인성을 가지고 있는 반면유리는 낮은 파괴인성을 가지고 있다.

드라이버의 손잡이는 고분자 재료 혹은 플라스틱으로 만들어져 있다. 이 재료는 정확히 말하면 Polymethyl methacrylate(PMMA)로 아크릴 이라고도 알려져 있다. 손잡이의 단면은 샤프트의 단면과 상대적으로 많이 크기 때문에 그 부분의 탄성계수가 상대적으로 덜 중요하다. 손잡이를 잡기 쉽고 마찰계수도 높은 고무를 이용하여 만들 수도 있지만 이럴 경우 고무의 탄성계수가 너무 낮아지기 때문에 손잡이의 제작재료로 고무는 적합하지 않다. 물론 전통적으로 공구의 손잡이를 천연 고분자재료인 목재를 이용하여 만들어 왔다. 연간 목재의 사용량을 고려하여 보면 목재도 아직까지 단연 최고로 중요한 고분자 재료이다. 점차로 목재를 PMMA가 대치하고 있는데 이유는 PMMA가 열에 무척 소프트해지고 따라서 금형을 이용하여 성형을 쉽게 할 수 있다. 다시 말해서 PMMA가 제조 용이성이 상당히 좋다고 말할 수 있다. 심미적인 이유에서 볼 때 PMMA의 외관, 감촉, 느낌 등이 좋으며 밀도가 낮아서 드라이버가 불필요하게 무거워지지 않는다. 마지막으로 PMMA는 가격이 저렴하여 적당한 가격으로 드라이버의 제작이 가능하다.

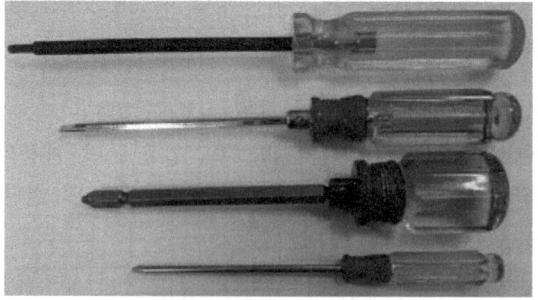

[그림1-3-1] 강철샤프트와 고분자재료(플라스틱)손잡이로 이루어진 드라이버

단원명 1. 사전예방 관리하기

장비 및 도구, 소요재료

구 분	명 칭	규격(사양)	1대당 활용인원
장 비	컴퓨터	공용	1
	문서관리프로그램	공용	1
공 구			
소요재료	복사지		

안전유의사항

① 시스템을 구성하고 있는 요소 및 시스템에 적용할 재질 정보를 수집하고 활용할 수 있는 지식을 갖추도록 한다.
② KS 및 ISO규격에 의한 도면의 작성법과 이를 적용한 도면을 해독할 수 있는 검토 가능 수준을 갖추도록 합니다.

관련 자료

① 공병채, 기계설계분야 모듈교재, 품질관리, 2013.09, 한국산업인력공단
② 민경호, 기계설계분야 모듈교재, 요소부품 재질 검토(재료열처리), 2013.09, 한국산업인력공단

설계품질관리

단원명 1   교수방법 및 학습활동

교수 방법

- (강의법 및 시연) 설계 품질에 대한 관리 미흡에 따른 시장 클레임, PL, Recall에 대한 구체적인 사례를 설명하여 학습자들에게 설계품질관리에 대한 중요성을 인지시킨다.
- (토의법) 강의법에서 언급한 내용에 대해 학습자와 교수자, 학습자 간 토의를 통해 문제 해결 방안, 방지 대책 등에 대해 토론을 통해 의견을 나누어 본다.

학습 활동

- (강의 참석) 교육·훈련 일정표에 따라 진행되는 강의에 참석하고 강의 내용을 이해하도록 노력한다.
- (문제해결 / 협동학습) 실제 있었던 PL 혹은 Recall 내용을 바탕으로 문제를 해결하기 위해 모둠을 구성하여 협동학습을 통해 설계적인 문제점을 파악해보고 이를 해결할 수 있는 방안을 모색한 후 그 결과를 발표를 통해 학습원들과 의견을 교환한다.

단원명 1. 사전예방 관리하기

| 단원명 1 | 평가 |

평가 시점

- (정기시험)중간고사 및 기말고사 기간에 학습자들이 법규 및 규정 검토, 안정성 확인, 재질 선정과 관련하여 학습한 내용을 확인하며, 기말고사에서는 내용의 중요도에 따라 반복하여 평가를 실시한다.

평가 준거

평가자는 피평가자가 수행 준거 및 평가 내용에 제시되어 있는 내용을 성공적으로 수행할 수 있는지를 평가해야 한다. 평가자는 다음 사항을 평가해야 한다.

평가영역	평가항목	성취수준		
		우수하다	보통이다	미흡하다
사전예방 관리하기	유사사례, 관련법규 검토 등의 안전성 여부 확인			
	안전성 검토 기법을 활용한 설계방향 선정			
	기계 특성에 적합한 재질과 요소부품의 적정성 확인			

- 성취수준 : 평가항목에 따라 성취수준을 체크, '우수하다' 는 학습자 스스로 (완벽히) 수행이 가능한 경우, '보통이다' 는 타인의 도움을 받아 수행하는 경우, '미흡하다' 는 수행이 어려운 경우로 만약 학습자가 특정 문항에 '미흡하다' 로 체크가 된다면 취약한 분야에서 성취해야 하는 필요 능력에 대한 피드백 실시

평가 방법

평가영역	평가항목	평가방법
사전예방 관리하기	유사사례, 관련법규 검토 등의 안전성 여부 확인	과정평가 결과평가
	안전성 검토 기법을 활용한 설계방향 선정	서술형시험 사례연구 포트폴리오
	기계 특성에 적합한 재질과 요소부품의 적정성 확인	

설계품질관리

평가 문제

1. 압력용기, 자동차, 건설기계, 항공기와 관련된 인증제도의 운영방식과 관련 부처 및 법률에 대해 나열하시오.

2. 신뢰성시험 중 열충격시험의 내용에 대해 설명하고, 필요한 장비, 인증 내용에 대해 기술하시오.

3. 금속재료의 물리적 특성과 물리적 특성에 대해 설명하시오.

피드백

1. 평가자 질문
   - 질문에 대한 피평가자의 답변을 유도하도록 노력하고 잘 못된 답변에 대해 피평가자 스스로 답을 구할 수 있도록 지도합니다.

2. 사례연구
   - 사례연구 결과를 모든 학습자와 공유하여 확인 학습할 수 있도록 데이터화하여 제시
   - 제출한 내용을 평가한 후 수정사항과 주요 사항을 표시하여 다음 수업 시간에 확인 설명

단원명 2. 설계 중 관리하기

단원명 2 설계 중 관리하기

2-1 개별 요소시스템의 구성 상태 확인

교육훈련 목표
- 개별의 요소시스템이 정확하게 구성되었는지 설계 상태를 확인할 수 있다.

필요 지식 요소 구성 확인

1 개별 요소의 확인

일반적인 기계시스템은 둘 이상의 부품으로 구성되어 있다. 이 경우 부품(단품)의 설계 사양에 대한 확인 뿐 아니라 해당 부품이 조립되는 상위 어셈블리 부품 및 차상위 부품과의 관계를 명확히 알고 설계하는 것이 중요하다. 이는 중·소물류 부품의 경우 중견 혹은 중소 제조업체에서 생산하여 고객에게 납품하는 경우가 많아 부품의 구성과 설계 특성에 따라 생산 및 제조, 그리고 납품이 가능한 기업이 변경되어 구매·조달 구성 시 반드시 고려되어야 할 사항이기 때문이라 하겠다. 시스템 설계를 하는데 있어 어셈블리 부품 및 단품이 어떠한 형태로 생산되고 조립되며 납품단위가 어떻게 되는지에 대한 지식이 필요하며, 이에 대한 확인 작업이 필요하다. 본 장에서는 개별 요소시스템의 구성 확인 방법과 확인 시 검토해야 할 내용에 대해 알아보겠다.

1. 개별 시스템요소 확인

부품 및 부품으로 구성된 시스템의 설계 시에 고려할 사항을 설계 입력요소, 부품 검토요소, 조립도와 부품표 확인으로 분류하여 보자.

(1) 설계 입력요소

다음과 같은 내용은 설계 시 고려해야 할 내용이다. 제품을 개발하기 전 선행단계에서 판매하게 될 제품과 관련된 시장 동향과 적용되었거나 혹은 향후 적용해야할 기술에 대한 동향을 파악해야 한다. 이를 통해 제품을 판매할 지역과 그 지역의 기후여건, 사용자들의 생활여건, 예상 소비자의 연령, 사용 환경, 물가수준, 제품의 경쟁제품 대비 포지셔닝 등에 따라 제품 구상을 명확히 하여야 한다. 여기에 사용자 혹은 고객이 요구하는 내용과 만족도를 높이기 위한 방안이 접목되어야 하고, 이러한 요구조건을 구현하기 위해 표준화된 설계 구상을 검토하여야 한다. 여기에는 경쟁사 제품과 비교하여 차별된 점, 성능 우위성, 가격 경쟁력, 제품의 신뢰성에 대한 내용도 포함되어야 한다.

 설계품질관리

　또한, 제품의 개발 일정과 부품의 납기 일정을 고려하고, 경쟁사의 경쟁제품의 출시 일정도 고려해야 한다. 개발과 관련하여 새로운 부품의 적용 여부 및 개발 가능성을 확인하고, 제품과 관련된 법적 요구사항 및 규격 승인에 대해서도 확인하여야 한다. 제품 가격의 경쟁력을 갖추기 위해 개발 비용의 타당성의 검토를 수행하여야 한다. 기술적인 측면에서는 개발 초기부터 출하 및 서비스 기간에 개발될 핵심 기술요소에 대한 분석도 필요하고, 이를 위해 해당 기술과 관련된 특허, 실용신안 등에 대한 선행 조사·분석을 실시한다. 기존에 개발되어 판매되고 있는 제품에 대한 개선 및 보완 제품의 개발의 경우 기존 제품의 설계 결함 내역과 문제점을 파악하여 이를 수정·개선할 수 있는 방향으로 시행하도록 한다.
　위에서 언급한 내용을 반영한 개발 초기 레이아웃도면를 작성하고 주요 단위별 부품표 혹은 BOM(Bill of Material)을 기반으로 설계 입력요소와 비교하여, 요소 부품의 누락, 표준과의 일치여부, 승인된 부품의 적용 여부를 상세히 확인하여야 한다. 또한, 설계계산서(2-2절에 언급)에 따라 해당 부품이 적절한 재질과 규격을 사용하였는지 확인한다. 이 때 고객의 사양서나 계약서에 명기된 특이 부품이 있는 경우 부품표를 더욱 세심히 검토하여야 한다.

(2) 부품 검토요소
　개별 부품에 대한 검토는 도면에 표기되어 있는 부품 번호와 부품명을 확인하여야 한다. 부품 번호의 경우 해당 부품이 조립되는 상위 부품과 동일한 조립단위에 속해 있는지를 확인할 수 있으며, 부품이 적용될 최종 제품의 종류도 확인할 수 있다. 다른 제품에도 공용으로 사용되는 부품의 경우에는 적용 해당 제품의 부품 번호를 새로이 적용되는 제품에 맞는 번호로 채번하도록 한다. 사용될 재질의 적정성은 유사 제품 혹은 경쟁 제품의 유사한 기능을 하는 부품과의 비교와 해석이나 실험을 기반으로 한 결과를 통해 최적의 재질을 선택하여야 한다. 사용되는 환경과 조건에 따라 필요로 하는 강도에 의거 열처리 적용 여부 및 그에 따른 강도의 적정성도 함께 검토하여야 한다. 이 때 반드시 적용해야 할 사항은 KS 및 ISO 혹은 수출품인 경우 수출 대상국에서 요구하는 별도의 규격에 맞도록 적용해야하는 것이다. 또한, 사내 규격이 별도로 마련되어 있는 경우 그에 따른 원부자재 표준 코드번호를 부여하여야 하며, 공차, 가공 기호, 표면 거칠기 기호의 적정성과 일치성에 대해서도 검토하여야 한다.

(3) 조립도와 부품표의 확인
　[그림 2-1-1]의 파이프 풀림장치 사례를 통해 조립도와 부품표를 비교하여 부품에 대한 확인 방법을 알아보자. [그림 2-1-2]는 파이프 풀림장치 부품표로 33종류의 부품으로 구성되어 있다. 부품표는 순번, 품번, 품명, 재질, 수량 등으로 구성되어 있으며 표준부품으로 상용화된 부품의 규격은 KS규격을 따른다. [그림 2-1-3]에 나타낸 파이프 풀림장치 조립도에서는 3각법에 따라 레이아웃 설계도를 나타내고 있으며, 여기에는 단면 상세도가 포함되어 있다. [그림 2-1-4]는 도번 KS-02-0100-00로서 표기된 전체 도면 현황을 보여주고 있다. [그림 2-1-1]은 실제 조립된 형상을 나타내고 있으며, [그림2-1-3]과 비교하여 확인 할 수 있다.

[그림2-1-1] 파이프 풀림장치 시제품

NOTE

1. [illegible]
2. [illegible]
3. [illegible]
4. [illegible]

NO	PARTS NO.	PARTS NAME	MATERIAL	Q'TY	REMARKS
33	K5-02-0133-00	PLATE	SS400	1	-
32	K5-02-0132-00	SPACER	ø20	1	-
31	K5-02-01131-00	BOLT W/S.NUT	SCM415	1	M20×145L
30	K5-02-0130-00	CYLINDER	-	1	ø40×ø35-ST25
29	K5-02-0129-00	PLATE	SS400	2	-
28	K5-02-0128-00	PLATE	SS400	2	-
27	K5-02-0127-00	WASHER	M20	16	-
26	K5-02-0126-00	FLANGE BUSH	ø20(IN)	6	URFB2020
25	K5-02-0125-00	WRENCH BOLT	M20	3	M20×145L
24	K5-02-0124-00	PLATE	-	4	-
23	K5-02-0123-00	CYLINDER	-	1	ø40×ø35-ST25
16	K5-02-0116-00	BAR	-	4	-
15	K5-02-0115-00	UPPER PLATE	SS400	1	-
14	K5-02-0114-00	SNAP RING	ø20	10	ø20(SHAFT)
13	K5-02-0113-00	NYLON NUT	M16	4	-
12	K5-02-0112-00	BAR	-	4	-
11	K5-02-0111-00	SNAP RING	-	24	-
10	K5-02-0110-00	PIN	-	12	-
09	K5-02-0109-00	SPACER	-	6	-
08	K5-02-0108-00	SPACER	-	6	-
07	K5-02-0107-00	BUSHING	-	6	-
06	K5-02-0106-00	HOUSING	-	6	-
05	K5-02-0105-00	CYLINDER	-	1	ø40×ø35-ST25
04	K5-02-0104-00	PIN	S45C	1	ø20×73L
03	K5-02-0103-00	LINK	SS400	2	-
02	K5-02-0102-00	SUPPORT	SS400	1	-
01	K5-02-0101-00	SUPPORT	SS400	1/1	-

RELATED DWG 00-0000-00	MATERIAL -	MODEL -	SCALE N/S
DESIGN [illegible] / CHECK S.M HAN	WEIGHT EST [illegible]	DATE 2011.4.22	Q'TY 1
APPD Y.S LEE	WEIGHT ACT 5Kg	TITLE LOOSENING JOINT UNIT	

[그림2-1-2] 파이프 풀림장치 부품표

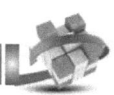

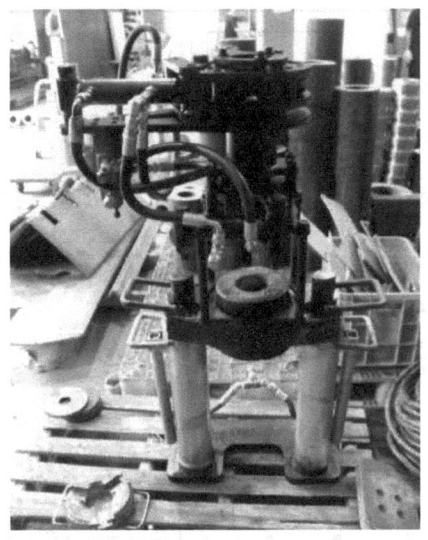

설계품질관리

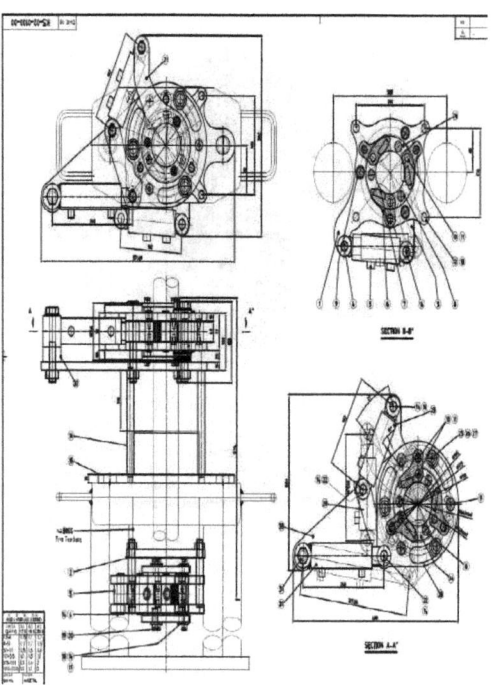

[그림2-1-3] 파이프 풀림장치 조립도(예시)

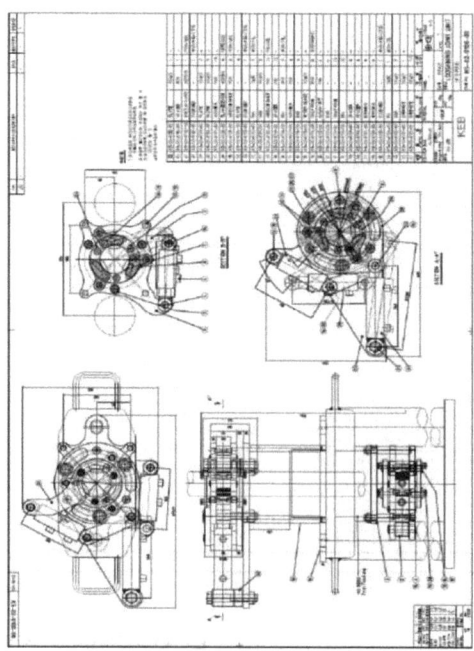

[그림2-1-4] 파이프 풀림장치 조립도

단원명 2. 설계 중 관리하기

2. 부품의 수정 및 설계변경

(1) 수정 및 변경 사유

설계 변경의 사유는 부품 혹은 부품군을 개발 및 사용하는 시점에 따라 달라질 수 있다. 초기 개발 개념에는 없었던 고객의 추가적인 요구사항이 발생하거나, 개발 중에 실시한 각종 시험(강도, 내구, 내열 등)의 결과를 반영하여야 할 경우, 설계도면 상에 치수 및 공차의 표기가 누락된 경우, 제품의 생산 및 가공 상의 문제점이 발견되어 수정이 필요한 경우, 부품 간의 조립 간섭이 발생하는 경우, 생산을 위한 원자재 혹은 소재의 공급에 문제가 발생한 경우, 시제품 제작 등의 어려움이 발생한 경우, 제품의 안정성 문제 및 신규 규제를 적용해야할 경우, 원가절감을 포함하여 생산성 향상을 위해 변경해야 할 경우에는 설계를 변경하여 적용하여야 한다. 이 경우 변경에 따른 추가 비용 및 생산 일정, 제품 및 부품의 출고 일정, 안정성 확보 여부에 대한 면밀한 검토를 실시하여야 한다.

(2) 변경 사례

[그림 2-1-5]는 길이 치수를 120에서 122로 수정한 사례이다. 변경은 삼각형 박스에 1번으로 표기하였으며 상세한 내용은 우측 상단의 설계변경란에 수정이 발생한 이유를 기록하고 변경자 및 승인자의 확인을 거쳐야 한다. 일반적으로 설계 단계에서 변경이 발생하는 경우 순서에 따라, 양산 이후 설계 변경과 구분하여 기록하도록 한다. 예를 들면 양산이전에 설계변경에서는 순번 앞에 p를 기입하여 이력을 관리하고, 양산 이후 건에 대해서는 m을 순번 앞에 적용하여 기록하도록 한다.

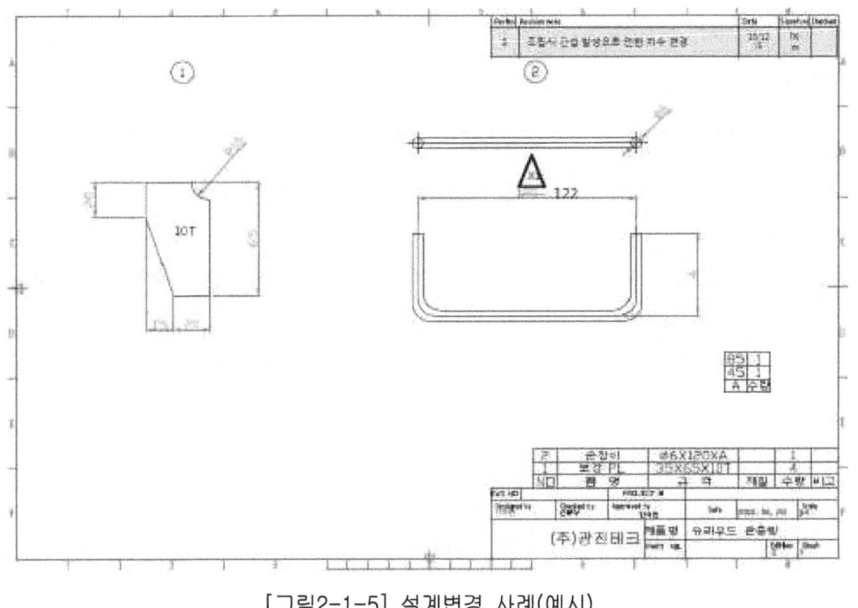

[그림2-1-5] 설계변경 사례(예시)

설계품질관리

| 실기내용 | 기계시스템의 구성요소 확인 |

① 고객이 요구하는 특성과 그를 구현하기 위한 기술적 특성에 대해 설명하시오.
② 설계하고 있는 부품에 대해 발생한 설계변경 사례를 조사해 보고, 설계변경 후 도면의 반영 내용, 생산공정에서의 적용 내용, 발생한 비용 내용을 조사하여 정리하시오.
③ 부품의 구성표를 통해 상위 및 하위 수준의 부품이 어떻게 구성되어 있는지 확인하고, 고객의 요구사항이 잘 반영되어 있는지 확인하시오.
④ 복잡한 물품을 부분으로 나누어 조립도를 나타내는 도면을 무엇이라 하는가?

장비 및 도구, 소요재료

구 분	명 칭	규격(사양)	1대당 활용인원
장 비	컴퓨터	공용	1
	문서관리프로그램	공용	1
공 구			
소요재료	복사지		

안전유의사항

① 시스템을 구성하고 있는 요소 및 시스템에 대한 구성요소에 대한 확인 및 설계 시 설계변경 시 지속적으로 관리할 수 있도록 한다.
② 설계품질관리를 위한 규격 및 규정 관련 문서를 체계적으로 관리하고 그 내용을 파악하도록 한다.

관련 자료

① 한석만, 석호삼, 기계설계분야 모듈교재, 설계 검증, 2013.12, 한국산업인력공단

단원명 2. 설계 중 관리하기

2-2　기계의 특성에 맞는 설계 검토

교육훈련 목표	• 기계의 특성에 맞는 설계가 이루어지고 있는지 확인할 수 있다.

필요 지식　설계 특성 확인

1 설계 확인 개요

　제품 개발의 각 단계에서 설계자를 포함한 다양한 부문의 기술자들이 업무 특성에 맞는 표준서, 도면, 설계사양서, 응용프로그램을 활용해 얻은 기계적 특성이 반영된 보고서 등에 대한 설계오류를 찾아내는 작업을 통칭하여 설계 확인 혹은 설계 검토라고 한다. 다시 말해 설계하기 전 세웠던 목표 혹은 고객의 요구사항이 반영된 사양서에 나타난 기준을 달성하기 위해 적용할 설계에 필요한 자료의 적절성, 타당성 및 유효성을 판단하기 위해 수행되는 활동이다. 초기 설계 단계에서부터 설계의 적정성 검사 기준, 제작 및 가공, 운반 및 취급, 보전과 유지보수, 폐기에 이르는 전 과정을 전문적으로 평가하고 개선, 확인하는 활동인 것이다. 본 장에서는 설계의 기능적인 효율성 판정과 고객요구사항 그리고 부적합 내용도 검토 대상이 된다.

2 설계 검토 시 필요 요소

　기계시스템 및 시스템을 이루고 있는 개별 요소에 대한 설계 검토에는 여러 가지 요소들이 필요하다. 확인 및 검토를 하는데 요구되는 요소들을 알아보고 각 요소들이 해야 할 업무 내용에 대해 설명한다.

1. 설계 검토자

　제품 개발을 위한 단계별 검토자는 도면의 검토, 납품 제품의 검토, 공정의 검토, 설비의 검토로 분류할 수 있으며 작업 내용, 설계를 위한 개발의 형태(자체개발, 용역 혹은 외주개발, 과제형태의 개발, 국외전문기관 개발)에 따라 검토자를 분류해 보면 다음과 같다.
　(1) 설계 자격 인증 전문가: 사내인증 혹은 국가인증 기준에 따른 설계자 및 개발자
　(2) 부서 전문가: 품질, 구매, 자재, 생산기술 (영업, 마케팅, 기획 - 설계담당 외 관련 부서)
　(3) 외부 관계자: 고객(사용자), 관련 부처 관계자, 환경전문가, 시험평가 전문가
　(4) 국가공인기관: 시험기관(한국산업기술시험원 외), 연구기관(한국기계연구원, 한국생산기술연구원 외)
　(5) 외부 전문가: 국내・외 설계 분야별 전공자, 기술사, 명장, 공학박사 외

설계품질관리

2. 설계 검토 범위

부품별 요구되는 기계적 특성 및 기능을 계산한 내용을 확인한다. 단순한 강도계산 뿐만 아니라 가공 및 제작에 필요한 사항, 제품의 납품 및 운반에 관련된 사항, 내구성에 대한 사항에 대해서도 면밀한 검토가 필요하다.

(1) 설계 계산서 검토

컨베이어벨트 설계와 관련된 사례를 가지고 설계 검토에 필요한 내용에 대해 알아보자.
(가) 벨트의 속도

<표2-2-1> 벨트 정보

모 터	0.75 kW × 4P, 380 V × 3Φ × 60 Hz
감속비	1/89
구동 스프라켓	RS#60, Z1 = 19 NT, P.C.D. 115.74 mm
종동 스프라켓	RS#60, Z2 = 51 NT, P.C.D. 309.45 mm
구동 풀리 직경	Φ436 mm
벨트 속도	$V = 1750 \times \dfrac{1}{89} \times \dfrac{19}{51} \times \pi \times 0.43 = 10\,m/\min$

(나) 운반능력 (Q: m3/hr)

$$Q = 440 \times V \times (0.9B - 0.05)^2 = 17.96\,m^3/hr$$

여기서, V (인양 속도) = 10 m/min = 0.17 m/sec
B (벨트 폭): 0.6m

이고, 실제 운반량 $Q' = 17.96 \times 0.7 = 12.57\,m^3/hr$.

(2) 도면의 검토

다음에 열거한 도면 표기 내용에 대해 검토자는 확인하여야 한다.
- 도면 제목: 도면에 포함된 정보 기술 여부
- 도면 번호: BOM상에서 부품이 속한 그룹 내의 번호와의 일관성 여부
- 모델명: 대표성이 부여된 가능한 이름 적용 여부
- 서명 및 날짜: 작성자, 검토자, 승인자의 날인 및 확인 일자 작성 여부
- 설계변경이력: 설계 변경 혹은 개정 내용과 번호 기입 여부
- 축척: 제품도면 상의 투상도와 상세도 등의 척도 확인
- 단위: KS 및 ISO 단위계 적용 여부
- 투상법: 3각법 혹은 1각법의 적용 여부
- 공차표기: 일반공차, 정밀공차, 표면거칠기 등의 확인
- 법규: 법규 적용 대상 부품의 경우 표기 여부

단원명 2. 설계 중 관리하기

- 설계 주의사항: 안정성 및 기능에 따른 주요 특성 표기 여부
- 식별이 필요한 경우에 대한 표기 여부

위의 내용을 근거로 설계 검토 시 확인할 사항은 다음과 같다.
- 치수 정확성
- 기능상의 설계 적정성
- 현재 혹은 구축 예정 생산 공정과의 적합성
- 조립성 및 사용자 편리성
- 도면 기록 사항
- 설계구성품 사이의 적정성
- 구매 요구사항의 적정성
- 설계 적부 검사 기준의 적정성

에 대해 검토하여 그 결과를 포함한 회의록 및 별도 검토서 혹은 확인서 등을 작성한다.

(3) 설계검토서

도면검토, 공정검토, 설비검토 한 내용을 설계검토서에 담아 작성하며, 이에는 다음과 같은 내용을 포함하고 있어야 한다.

<표2-2-2> 설계검토서 내용

설계 및 기술	• 생산 및 제조 전문가가 설계, 설계변경 및 적용 기술 변경 시 공식적으로 참여하도록 규정하고 있고 실제로 그렇게 운영되는가 여부 • 개별 부품 혹은 제품 설계를 종합하여 전체시스템 설계 규격을 충족하는지 여부 • 일정에 맞추어 설계가 완료되었는지 여부 • 설계변경 횟수가 줄어들고 있는지 여부 • 주요 제품과 제조기술의 현 상태가 정의되어 있는지 여부 • 하드웨어 및 소프트웨어 설계 관련 상호작용에 대한 고려의 완료 여부
생산 및 공정	• 핵심 공정을 식별하고 제조 흐름도를 정의하였는지 여부 • 설계를 통해 구현되어야 할 기능이 제조공정을 통해 달성될 수 있음을 초기 양산 공정에서 검증되었는지 여부 • 원활한 생산을 위한 제조기술의 타당성을 분석하였는지 여부 • 특수 제작 부품의 생산과정 안정성 입증 및 안정화 여부 • 생산성 향상을 위한 계획 수립 여부
시험	• 시험을 거쳐야하는 주요 구성품에 대한 시험 완료 및 시험성적서 발급 여부 • 기술 승인을 위한 기준이 있는지 여부 • 핵심 기술에 대한 시연 완료 여부 • 특수시험장비에 대한 설계 및 사용가능 여부
구매 및 납품	• 부품 혹은 제품의 공급방식에 따른 공급처의 납품 계획 업데이트 여부 • 공동개발, 공동생산이 가능한 부분을 적용하였는지 여부 • 원청업체와 하청업체가 설계 관련 형상추적 및 통제를 위한 시스템을 갖추고 있는지 여부
S/W 및 H/W	• 설계, 생산, 납품, 서비스를 위한 펌웨어 및 소프트웨어 요구조건이 문서화 되었는지 여부 • 물리적/기능적 인터페이스를 명확히 식별하였는지 여부

설계품질관리

실기내용 기계 특성에 맞는 설계 내용 검토

① 다음과 같은 설계사양에서 구동마력을 구하시오.

$$N = 0.06 \times f \times W \times V \times (C+C_1)/270 + f \times Q \times (C+C_1)/270$$

여기서,
 f- 롤러 회전 마찰계수: 0.05, C- 축간 중심거리: 8m, C1- 중심거리 수정값: 49m
 W- 운반물 이외 운동부분 중량: 37.3kg/m, V- 운반속도: 10m/min.
 Q- 운반 능력: 12.57 × 겉보기 비중(0.8) = 10 ton/hr

② 도면 검토, 기술, 공정, 시험, 구매 등 각 분야 별로 설계하고 있는 부품의 설계검토서를 작성해 보고, 관련 부서 혹은 고객과의 협의를 통해 합의 과정을 따라해 보시오. 이를 통해 나온 각 종 문서를 잘 보관하고 이력을 관리하시오.

단원명 2. 설계 중 관리하기

장비 및 도구, 소요재료

구 분	명 칭	규격(사양)	1대당 활용인원
장 비	컴퓨터	공용	1
	문서관리프로그램	공용	1
공 구			
소요재료	복사지		

안전유의사항

1 시스템을 구성하고 있는 요소 및 시스템에 대한 구성요소에 대한 확인 및 설계 시 설계 변경 시 지속적으로 관리할 수 있도록 한다.
2 BOM을 활용하여 설계 부품 별 구성의 적합성을 유지·보완·관리한다.
3 설계품질관리를 위한 규격 및 규정 관련 문서를 체계적으로 관리하고 그 내용을 파악하도록 한다.

관련 자료

1 한석만, 석호삼, 기계설계분야 모듈교재, 설계 검증, 2013.12, 한국산업인력공단

설계품질관리

2-3 기계성능과 품질상태 확인

| 교육훈련 목 표 | • 기계 성능이 최상의 품질상태가 유지되도록 설계가 되었는지 확인할 수 있다. |

필요 지식   기계의 성능과 품질

1 설계기능의 검토 방법

설계 단계별 산출물에 대해 고객의 요구사항이 적절히 적용되고 설계목표품질에 부합되도록 설계되었는지, 설계요소들이 반영되었는지 확인하기 위해 해석적, 실험적 방법을 통하여 검토하는 방법에 대해 알아보기로 하자.

1. 설계검증 방법

설계 내용에 대한 검증 방법은 해당 기술분야 별로 적용할 수 있는 해석적, 실험적 방법이 무수히 많다고 할 수 있다. 본 교재에서는 일반적으로 기계적인 특성을 규명하고 검증하는데 널리 사용되는 방법에 대해 설명하기로 한다. 이러한 방법들은 검증 단계에서 반드시 수행해야할 사항들은 아니며, 요구사항의 반영 여부 혹은 설계 단계별 필요성에 따라 실시할 수 있으며, 검증결과들은 단계별, 검증항목별로 추적 관리가 가능하도록 유지, 보관, 관리하여야 한다.

(1) 물리량 계산: 응력, 변형량 등 공학적 공식에 의해 물리적으로 주요한 의미를 갖는 인자들에 대해 계산을 하고 설계 시 의도한 대로 결과가 나오는지에 대한 적합성을 검증한다.
(2) CAD 설계: CAD 프로그램을 이용한 레이아웃 설계도 및 상세도를 통해 부품 간의 간섭 여부, 중량, 무게 중심 등에 대한 값을 산출하여 설계 적합성을 검증한다.
(3) 3D 형상모델링: 부품 및 전체 어셈블리를 포함한 3D형상모델을 통해 부품의 모션해석, 형상렌더링을 실시하여 개발 초기 제품 개념과 일치하는지 확인한다.
(4) 시제품 제작: 선행단계, 시작단계에서 작성된 도면을 기준으로 시제품을 제작하여 보고 그를 통해 주요 개발목표 성능별 결과값을 검증한다.
(5) 신뢰성 시험: 품질관리 공정도, 도면, 시험성적서의 결과에서 나온 측정 검사값, 성능별 결과값에 대한 적합성을 검토한다.
(6) 공인규격 활용: 국제표준, 국가표준, 단체표준, 고객 제공 표준을 설계에 적절히 잘 반영하였는지 검증한다.
(7) 기타: 유사한 기능을 하는 부품 및 제품에 대한 검증 결과와 비교하여 성능의 우위여부, 개선여부에 대해 검토한다.

2. 도면에 대한 설계 검증

설계 산출물인 도면에 대한 검증을 실시할 경우 다음의 사항을 고려하여야 한다.

<표2-3-1> 검증 고려 사항

고려사항	· 고객 요구 기술 표준 및 제품 규격 반영 (비용 및 중량 포함) · 신기술 적용 · 양산성 · 서비스성 · 현재 양산되고 있는 제품과 공용화 부품 · 조립되는 부품과의 연관성 및 조립성 · 기존 제품의 문제점의 개선 반영 · 설계 시 검증 자료의 내용 반영 (측정 검사, 성능 시험 포함) · 현장 테스트 및 시운전 결과 타당성

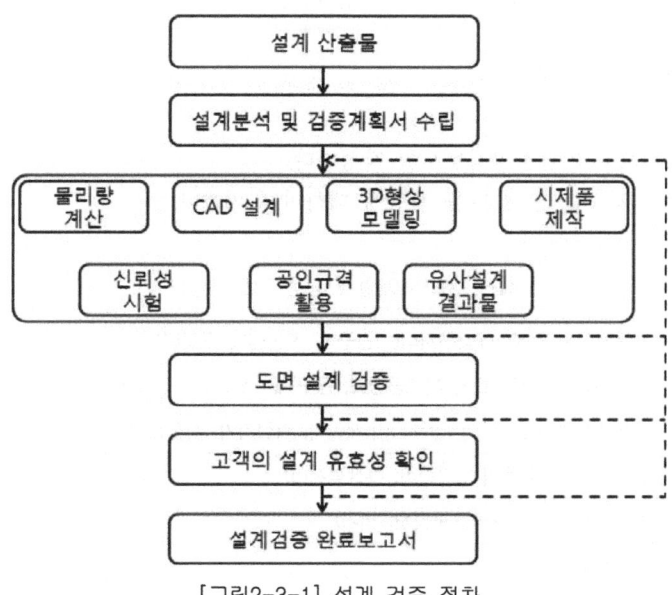

[그림2-3-1] 설계 검증 절차

② 설계 경제성 검토

1. 설계원가 필요성

전체 제조원가에서 연구개발 및 설계에서 차지하는 비용은 5-10%에 불과하지만 전체 제조원가의 70-80%는 제품개발단계에서 결정된다. 따라서 설계단계에서 원가를 줄이지 못하거나 구성품이나 부품 요소에 대한 원가가 잘 못 결정되면 생산단계에서 많은 비용이 낭비될 수 있

설계품질관리

다. 제품의 성능을 떨트리지 않고 경쟁력을 높이기 위해서는 상호기능팀(Cross Functional Team, CFT)을 구성하여 고객의 요구사항이나 니즈(Needs)를 반영하는 제품 컨셉(Concept)을 적용하고 제품수명주기의 모든 요소를 고려하는 동시공학설계 방식을 적용하여야 한다. 제품을 구성하는 부품이 주어진 성능에 적합한지 분석과 비용 최적화를 위한 설계변경 가능성을 탐색하는 가치공학도 활용하여야 한다.

2. 설계 경제성 검토

제품개발이나 설계 변경에 따른 경제성에 대한 판단을 위해 개발 투자비, 개발 일정, 가격, 시장현황, 수익성 등을 조사하여 개발에 대한 타당성을 판단하는 것을 말한다.

(1) 제품개발 타당성 검토 방법
 (가) 고객이 요청한 개발제품에 대한 개발배경, 설계변경 경로 등을 기반으로 개발 여부를 확인 및 검토한다.
 (나) 개발과 관련된 자료를 참고하여 유관 팀 혹은 부서에서 설계인력을 중심으로 팀을 구성한다.
 (다) 개발 타당성과 관련된 고객 요구사항 및 정보에 대한 내용, 일정, 방향에 대한 자료를 분석한다.
 (라) 자료를 바탕으로 기술사양검토서를 작성한다.
 (마) 개발 타당성 검토를 통해 다음 사항에 대하여 협의한다.

<표2-3-2> 개발 타당성 검토 사항

제품기술	제품사양서 검토, 예비투자비(치공구비, 시험설비 구입비)
생산기술	M-BOM과 라우팅, 초기 제조공정도, 공구 및 소요 장비 구입비
품질보증	측정 및 검사정보비, 예상투자비(게이지, 측정기기, 시험설비)
생 산	생산 소요인원 투입비(인건비, 후생복지비)
구 매	자재수급 가능성(가격, 구입처, 납기)
재무분석	원가분석

(2) 설계 타당성 검토서 작성
 개발 타당성 검토가 완료되면 개발 사업성 검토서를 작성한다. 이러한 검토서는 소요투자비, 개발일정, 제품 목표가, 품질관리 측면, 시장현황과 마케팅 전략, 수익성 및 생산성, 원자재 수급 및 공급자 개발, 기타 개발 관련 사항 등이 포함하도록 한다.

단원명 2. 설계 중 관리하기

(3) 팀 운영

신제품 개발, 설계변경 발생, 공정변경 제품 개발, 신공정 적용, 특정 기능 개발 및 선정, FEMA 개발 및 검토, 제조공정도 및 QC공정도 개발과 검토, 고객 요구사항 확인 및 불만 검토, 설계 타당성 검토, 성능요건 타당성 검토, 제조공정 타당성 검토, 지속적 품질 및 성능 개선을 위하여 유관 부서의 관계자로 이루어진 팀을 운영하도록 한다.

(4) 제도 타당성 검토서

개발하고자 하는 제품의 설계품질 수준에 적합하도록 제조, 조립, 시험, 포장 및 운반할 수 있는지에 대해 관련 부서와 함께 팀을 구성하여 확인하는 단계이다. 여기에는 기술사양서, 기획품질, 신뢰성, 투자비, 단가, 일정 등 요구조건을 만족시키면서 생산량과 일정을 준수할 수 있는지 확인하는 과정이다. 그림 2-3-2는 제조 타당성 검토서 예시이다.

모 델 명		고 객 명	
품 명		예 상 수주량	
양 산 시 점		년 간 생산량	
검 토 항 목	○ 도면과 사양대로 제품이 제조될 수 있는가? YES/NO - 제조표준에 허용된 호환사항 - 허용할 수 있는 누적공차 ○ 시험요건을 만족시킬 수 있는가? YES/NO ○ 고객의 품질조건을 만족시킬 수 있는가? YES/NO - 공정능력에 대한 평가 - 공정의 수용 능력 ○ 기존의 기술, 장비 및 운반구류를 사용할 수 있는가? YES/NO ○ 추가비용(설비, 금형, 치공구, 측정기 및 시험기 등)발생없이 제조가능한가? YES/NO		

[그림2-3-2] 제조 타당성 검토서(예시)

(5) 공정 검토

공정검토는 신규로 개발되는 제품이나 설계 변경되는 제품에 대한 제조 시 품질안정 및 공정안정을 목적으로 진행하는 과정으로 제조의 유효성을 확인하는데 그 목적이 있다.
 (가) 초기 공정계획 수립: Pre-BOM, 제조공정도 작성 및 준비, 신규장비, 금형 및 보조장치, 시험 및 측정 장비 등의 예상 투자비
 (나) 공정설계: 공정흐름도, 공정 FEMA, 품질 공정관리도, 공정 배치계획, 장비 및 금형에 대한 개별 체크리스트
 (다) 공정 승인 보고서: 설비 및 금형의 설치와 시공정 결과보고서, 시작품 생산보고서

(6) 자재소요명세서 및 라우팅

완제품 및 원자재에 이르기까지 구성된 단위소요량 등을 체계적으로 테이블을 작성하고 그 구성관계에 대한 소요작업시간 및 작업자 수 등을 체계적으로 작성한 문서로 경제성 검

설계품질관리

토에 가장 중요한 자료이다.
(가) 자재소요명세서(Bill of Material, BOM): 품목별 구입가격 및 제조 가격이 명시되어 있다. 그림 2-3-3은 그 사례를 나타낸 것이다.

BOM Level	Part Number	Description	Rev	Q'ty	Unit	Make/Buy	Cost (천원)	Reference Designators	BOM Notes
0	20-0001	Coupling	2		ea	M	2,000		
1	20-0002	cylinder	2	1	ea	M	300		
2	20-0003	shaft	2	1	ea	M	26		
3	40-0011	HEX Bolt	2	4	ea	B	3		
3	50-0012	HEX Nut	3	1	ea	B	1		
3	50-0080	Washer	1	1	ea	B	0.8		
2	20-0004	Piston	2	1	ea	M	43		
3	20-0015	Crank shaft	2	1	ea	M	100		
4	40-0035	nuckle	1	1	ea	M	45		

[그림2-3-3] BOM 구조(예시)

비용만을 산출하여 구성요소에 대한 비용을 산출할 수 있고 설계 원가에 대한 구체적인 기획을 통해 원가절감을 도모할 수 있는 기반이 되는 중요한 자료이다. 여기서 중요한 사항은 구축된 BOM에 대해 다시 한 번 부품의 신뢰성과 성능 시험 및 생산 가능 여부를 반드시 확인해야 하는 것이다.

(나) 라우팅
주요 특성, 품번, 공정번호 및 공정명, 표준 및 선택 여부, 로딩코드 및 기본코드, 소요 작업시간, 셋업시간, 기계작동시간, 공정별 소요 작업자수, 금형 및 치공구 내용을 포함하고 있다.

실기내용   성능 검증과 BOM

① 다양한 설계검증 방법에 대한 내용을 숙지하고, 각 방법별로 현재 작업하고 있는 영역에서 적용 및 활용할 수 있는 항목에 대해 나열하시오.

② 설계하고 있는 부품의 구성 관계를 확인하고 부품의 가격, 재질, 납품 관계에 대해 알아보자. 또한, 해당 부품의 설계 변경에 따른 예상 비용을 산출해 보고, 동일한 기능을 할 수 있는 새로운 부품 개발에 따른 비용에 대해서도 조사해 보자.

단원명 2. 설계 중 관리하기

장비 및 도구, 소요재료

구 분	명 칭	규격(사양)	1대당 활용인원
장 비	컴퓨터	공용	1
	문서관리프로그램	공용	1
공 구			
소요재료	복사지		

안전유의사항

① 시스템을 구성하고 있는 요소 및 시스템에 대한 구성요소에 대한 확인 및 설계 시 설계 변경 시 지속적으로 관리할 수 있도록 한다.
② BOM을 활용하여 설계 부품 별 구성의 적합성을 유지·보완·관리한다.
③ 설계품질관리를 위한 규격 및 규정 관련 문서를 체계적으로 관리하고 그 내용을 파악하도록 한다.

관련 자료

① 한석만, 석호삼, 기계설계분야 모듈교재, 설계 검증, 2013.12, 한국산업인력공단

설계품질관리

2-4 단계별 상호 적합성 검토

| 교육훈련 목 표 | • 설계 단계별로 요소 설계도와 시스템의 도면이 최상의 상태가 되도록 유지할 수 있다. |

필요 지식 　단계별 도면 품질의 확인

1 설계 도면의 적합성 여부 개요

　설계 각 단계별로 결과물에 대한 검증 및 적합성 여부를 실시하여야 한다. 그러나 제품에 적용된 사양에 따라 최종 사용자 혹은 원청기업의 요구에 따라 적합성 확인이 아닌 검증만으로 대체하는 경우도 발생한다. 설계심사(검토와 검증을 통칭하는 용어)는 각 단계별 설계과정에서 출력된 도면과 보고서 등의 문서를 통해 실시하며, 여기서는 기술적인 연관성에 대해 검토를 실시한다. 설계부서에서 자체적으로 실시하는 경우도 있으나 대개의 경우 동시공학적 개념을 도입하여 검토가 이루어진다. 설계에서의 결과물을 보면, 프로세스 입력과 출력의 비교 검증 데이터, 제품규격서(제품 합격 판정기준 포함), 구매사양서, 시험규격서, 사용자 매뉴얼, 운영 매뉴얼, 신뢰성 시험성적서, 공정(제조 및 QC)계획서, 설계도면, 자재명세표(BOM)가 있으며, 적합성 및 검증하기 위해 위에서 언급한 출력물에 대한 정보를 준비하여야 한다.

2 설계 단계별 적합성 검토

단계별 설계 산출물에 대한 검증 방법에 대해 알아보자.

1. 시작설계 단계

　이 단계에서는 설계목표 품질과 기획에 대한 품질을 검증하고 설계도면이 정상적인 기능과 성능을 낼 수 있는지를 생산라인과 연결되지 않은 상태에서 제작한 초기 개발품에 대해 설치 가능여부 및 성능(법규 대응 성능, 내구 등)을 확인하기 위한 단계이다. 시작작업장에서 제작한 시제품이나 간이 금형을 통해 제작한 시제품의 정밀도를 향상시켜 설계입력 자료를 검증하는 설계 초기 단계이다. 이 단계에서의 시제품은 수작업으로 제작하는 경우도 있으며, 기술적인 성능과 성능을 실험한 결과, 사양서를 비교·검증할 수 있다. 적용해야할 산업표준이 있는 경우 이 단계에서 기준에 대한 만족도를 확인할 수 있다.

(1) 사양 결정을 위한 시제품 제작 및 수량
 (가) 고객 요구 사양서 및 기획단계에서 의도한 성능 및 기능적 측면에서 적합한지를 검토하기 위한 단계로 일반적으로 목표 성능별로 필요로 하는 수량만큼의 시제품을 제작한다.

단원명 2. 설계 중 관리하기

  (나) 일반적으로 개념설계 단계에서 기존의 금형을 수정하여 제작 가능한 경우 대부분 수작업으로 시제품을 제작한다.

(2) 사전 검토 시 필요 자료
 (가) 설계도면
 (나) 성능 체크리스트(실험, 해석 관련 자료)
 (다) 시제품
 (라) 고객 사양서 (원청업체 사양서)
 (마) 기존 개발된 제품의 개발 노트 및 관련 자료
 (바) 기존 제품의 BOM
 (사) 기존 제품의 승인 내역

(3) 설계 검토 시 필요 자료
 (가) 신규부품 리스트 및 승인 내역 관련 문서
 (나) 사양서, 구조, 기능, 시험성적서를 포함한 해석 결과 내역
 (다) 시제품의 품질 안정성 평가서
 (라) 개발에 장시간이 필요한 부품 및 주요 부품에 대한 구매계획서
 (마) 설계 도면 및 BOM
 (바) 인증 및 규제 관련 규격서 등의 관련 문서

(4) 검토결과서의 작성
 위에서 언급한 검토 대상 자료에 대한 확인을 통해 결정된 주요 내용을 회의록에 개발 제품의 개요, 개발 이력, 기존 제품의 문제점 목록, 주요 기능별 중점 추진 내용, 향후 일정과 중점 핵심 관리항목에 대한 내용을 작성하여 지속적으로 개선될 수 있도록 관리한다.

2. 파일럿 설계 단계

 개념설계 단계에서 검토한 결과를 바탕으로 개선 및 보완이 필요한 기술 사항과 사양서에 제시되거나 법적으로 제시된 규격을 설계결과표로 재확인하는 단계이다. 〈표 2-4-1〉처럼 파일럿 설계 단계에서는 시작설계 단계와는 달리 파일럿 생산시설을 갖추고 생산라인과 동등한 수준의 설비를 갖춘 조건에서 시제품의 필요수량을 제작한다. 필요수량은 개발 제품의 규모에 따라 결정되는데 대형기계의 경우 5세트 이하, 자전거와 같은 경우에는 50세트 이하로 제작한다. 제작 세트의 수량은 개발 목표 성능별로 육성을 위해 필요로 하는 각 종 시험에 필요한 세트를 관련 부서로부터 의견을 받아 정리하고 개발 비용을 고려하여 설정한다.

(1) 단계의 목적
 · 개발 관련 부서에서 품질 확인과 법규 인증 확인

설계품질관리

- 품질 문제 확인
- 작업성 확인
- 생산성 확인(생산설비, 치공구, 재료, 금형 등)
- 작업표준서 확인

(2) 시제품 제작에 필요한 내용
- 양산금형
- 도면
- 작업표준서(조립표준서, 검사표준서 등)
- 치공구(가공, 조립, 검사, 이송 치공구)

(3) 검토 내용

<표2-4-1> 검토 사항

부품승인 규격	승인 규격과 신뢰성 시험성적서와의 일치 여부
조립성	생산설비의 적정성 및 작업 조건, 치공구 준비사항
금형형상 및 치수	조립상태와 비교한 조립 시간, 간섭 체크
안전규격	공해 및 가공, 조립 시 발생한 환경유해 물질의 처리 문제
특성별 공정능력	부적합한 설계 내용에 대한 설계도면의 적정성, 작업표준서의 적정성, 측정기기와 치공구의 합리성
핵심항목의 개선 FMEA	주요 기술에 대한 공정의 특성치의 관리항목 선정 및 대응책
제품 규격	도면의 치수와 공차, 재질, 강도, 가공기호
각종 표준서	조립, 가공, 검사 표준과 관련된 인적자원의 자격 정도, 설비운영 능력 점검을 통한 훈련여부
수정 e-BOM	엔지니어링 소요명세표에 표기된 수량, 재질, 구입처 및 납기 실정 조정에 대한 판단

3. 설계 타당성 확인(검증)

설계 및 개발계획서 혹은 고객과의 계약사항에 명시한 요구사항이 충족되었는지를 고객, 기업 내부 인력, 이해관계자, 공급자가 참여하여 객관적인 결과에 의해 제품개발이 성공적으로 수행되었는지 평가하는 설계의 마지막 검증단계이다. 이 단계에서는 ① 시공, 설치 및 운용하기 전에 엔지니어링 설계에 대한 확인, ② 설치 혹은 사용 전 소프트웨어 출력에 대한 확인, ③ 고객 및 사용자에게 인도되기 전 서비스에 대한 확인을 실시한다.

설계 및 출력의 부분적이거나 종합적인 제품 및 서비스의 타당성을 객관적인 측면에서 검토하는 단계로 제품의 성공여부를 판단하는 개발 및 설계 단계의 마지막 종합 평가를 실시하

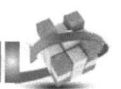

는 단계이다. 또한, ① 단계별 평가사항에 대한 개선 내용, ② 제품 성능, 기능별 신뢰성 그리고 ③ 양산시 문제가 발생할 수 있는 기술적 문제점의 개선안 제시 내용 등을 확인하여 정리한다.

설계(검토/검증)결과표

1. 프로젝트명		범례:	Y	적 합
2. 모델명			N	부 적 합
3. 검토자			NA	해당없음
4. 대상설계	자료:			
5. 일자				
6. 내용				

내 용	기 준	결과	의 견	비고

추가 사항

결과 처리 확인

(검토 / 검증)자 : 성명 서명 일자

책임 기술자				설계팀장			
팀 명	성 명	서 명	일 자	팀 명	성 명	서 명	일 자

[그림2-4-1] 설계 결과표 예시(검토/검증)

설계품질관리

실기내용 단계별 설계도면 적합성 검토

① 시작설계 단계에서 작성한 설계도면에 대한 품질을 사전 단계와 설계 단계로 구분하여 필요한 자료를 마련하여 검토해 보시오.

② 설계하고 있는 부품에 적용해야할 시험 항목과 목표를 달성하기 위해 시제품으로 제작해야할 수량을 검토해 보고 관련 부서와의 협의를 통해 일정을 수립하여 제작 및 시험한 결과를 정리해 보시오.

③ 위의 과정에서 나온 결과를 정리하여 문서로 보관하고, 관계자와 공유하여 개발 단계에서의 상호 보완관계를 유지할 수 있도록 적용하여 보시오.

장비 및 도구, 소요재료

구 분	명 칭	규격(사양)	1대당 활용인원
장 비	컴퓨터	공용	1
	문서관리프로그램	공용	1
공 구			
소요재료	복사지		

안전유의사항

① 시스템을 구성하고 있는 요소 및 시스템에 대한 구성요소에 대한 확인 및 설계 시 설계 변경 시 지속적으로 관리할 수 있도록 한다.
② BOM을 활용하여 설계 부품 별 구성의 적합성을 유지·보완·관리한다.
③ 설계품질관리를 위한 규격 및 규정 관련 문서를 체계적으로 관리하고 그 내용을 파악하도록 한다.

단원명 2. 설계 중 관리하기

관련 자료

① 한석만, 석호삼, 기계설계분야 모듈교재, 설계검증, 2013.12, 한국산업인력공단

설계품질관리

2-5 V.E. 적용 방법

교육훈련 목표	• V.E. 개념을 도입하여 경제적인 설계가 되도록 적용할 수 있다.

필요 지식 가치 공학

1 개요

1. 정의

가치공학(Value Engineering, V.E.)이란, 원가절감과 제품가치를 동시에 추구하기 위해 제품의 개발에서부터 설계, 생산, 유통, 서비스 등 모든 경영활동의 변화를 추구하는 경영기법으로 가치분석 또는 가치공학이라고도 하며, 다양한 목표를 수용 그 목표를 가장 값싸고 효율적인 방법으로 달성하는 길을 찾는 기법이다.

2. 적용 목적

가치공학의 목적은 기업의 이익을 극대화하는데 있고, 기업의 이익창출을 도모하기 위해서는 전사적인 개선노력과 가치공학을 통한 원가절감노력인 필요하다. 다시 말해, 원가절감, 기술력 및 조직력 강화, 경쟁력 제고, 기업의 체질개선 등이 가치공학의 주요한 목적이다.

3. 원가 산정방법

(1) 가치의 정의

원가의 총원가로 필요한 기능을 확실히 수행하기 위하여 제품이나 서비스의 기능적인 연구에 투자하는 기업에서의 조직적인 노력을 말한다. 즉, 가치란 기능을 비용으로 나눈 값으로 여기서의 가치는 가치의 정도, 기능은 효용의 정도, 비용은 투입한 비용의 총액을 말한다. 또한, 가치는 요구되는 기능, 사양 고객의 기대에 신뢰도 있게 따르는 비용을 말한다. 다시 말해 사용가치 수행능력에 기여하는 제품이나 서비스에 필요한 기능적 특성의 화폐적 가치의 척도라고 할 수 있다.

(2) 기능의 정의

기능은 어떤 아이템을 위한 특별한 목적이다. 기능은 어떠한 작업을 하거나 판매를 하도록 하는 성질을 일컫는다. 또한 기능은 대상으로 하는 항목에 의해 수행되는 본래 지니고 있는 혹은 특정적인 행위이다. 따라서 기능의 핵심은 고객이나 사용자의 요구조건을 만족시키는 것이라 할 수 있다.

(3) 비용의 정의

제품이 개발되어 고객이 구한 후 기대되는 작용을 달성하고 폐기될 때까지 소요되는 모든 비용을 말한다.

(4) 가치향상의 패턴

기능이 커지거나 비용이 적어지는 경우, 또는 두 개가 모두 변화할 때 비용의 변화량이 기능의 변화량에 비해 상대적으로 적다면 가치는 커진다.

<표2-5-1> 단계별 수행 업무

단 계	수행 업무
정보 수집	프로젝트 자료 수집 및 검토 프로젝트 이해
기능 분석	분석 대상 상세 내용의 목록 작성 분석 기능의 정의 및 평가 기본 및 2차 기능의 분류
아이디어 창출	아이디어 발상 기능 수행 대체 방법 발굴
평가 분석	아이디어 분석 및 평가 후 순위 선정 최적의 아이디어 선택
개발	가치공학 제안 개발 및 작성
제안	연구결과 제시

2 특징

1. 기능 본위의 사고방식

모든 설계에는 목적하는 바가 있다. 가치공학에서는 이 목적을 기능으로 놓고 끝까지 목적을 달성해야 한다. 기능을 만족하는 가장 좋은 수단을 생각하는 것이 가치공학의 기본 사고이다.

설계품질관리

$\frac{F}{C}$ = →/↓	코스트 다운에 의한 가치향상	지금까지 행해져 온 코스트 다운 방법
$\frac{F}{C}$ = ↗/→	기능향상에 의한 가치향상	가치창조라고 부르기도 함. 동일한 코스트로 기능이 향상된 제품 만들기
$\frac{F}{C}$ = ↗/↓	기능향상과 코스트 다운에 의한 가치향상	가장 이상적인 패턴이나 실행하기 어려운 패턴
$\frac{F}{C}$ = ↗/↗	소폭의 코스트 업과 대폭적인 기능향상에 의한 가치향상	품질(기능)경쟁 등에서 타사와의 관계로 인해 코스트 업되는 경우, 코스트 업 이상으로 대폭적인 기능의 향상
$\frac{F}{C}$ = ↘/↘	기능다운에 의한 대폭적인 코스트 다운	나쁘게 하고, 싸게 하자는 가치공학은 없다

[그림2-5-1] 가치향상의 패턴

2. 업무 계획

기능 중심으로 사물을 발상하는 데에는 효율이 좋고, 이상적인 것에 접근할 수 있는 쉬운 작업이 필요하며, 경험을 통해 얻어진 작업 순서를 말한다. 일단 긴 시간을 필요로 하지만 이 계획을 놓고 해석하면 기대된 값이 도출된다.

3. 팀 디자인

정보, 재료, 공법, 시장의 문제 등 다방면에 걸쳐 수집하고, 아이디어 발상과 개선안 수립 과정에서도 각 전문가가 필요하다.

4. 창조력 활동

과거에는 기존 제품과 서비스에서 여러 가지 노력을 기울여 왔다. 다방면의 전문가들로 팀을 만들어 필요한 기능을 만족하는 수단으로 많은 아이디어 발상법을 구사해서 도출해낸다. 이런 창조력도 가치공학의 특징이며, 창조력이 약하면 개선 폭도 좁아지고 대안을 도출하는 일이 불가능하게 된다.

5. 정보의 유효 활용

기대 이상의 좋은 결론을 도출하는 데에는 사전에 여러 요구에 대한 많은 정보와 아이디어를 구체화해 나가는 과정에서 평가 재료로 사용된 필요한 정보에 의한 것이다. 팀 디자인에서 각 분야 전문가로 구성된 가치공학 활동은 정보 수집이 쉽고 그것만으로도 산출물의 내용이 충실하게 되는 것이다.

단원명 2. 설계 중 관리하기

③ 단계별 가치공학 활동

 가치공학의 적용 시기와 기대 효과의 그림에서 개발이 진행될수록 가치공학 기대효과가 떨어지는 것을 알 수 있고, 그로 인해 초기 단계부터 가치공학 활동을 실시해야 큰 효과를 기대할 수 있다.

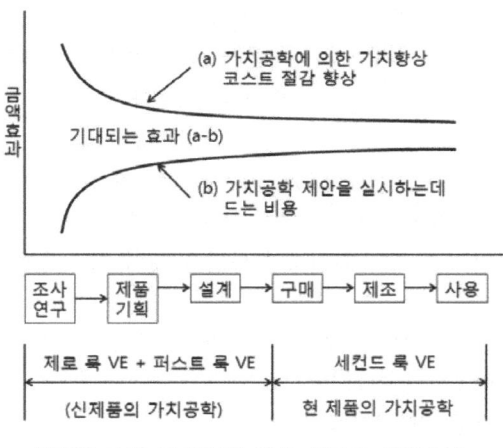

[그림2-5-2] 가치공학 적용 시기와 기대효과

④ 가치공학 대상 분야 및 기본원칙

 가치공학 적용 대상은 제조 및 서비스 등의 모든 분야에 걸쳐 적용할 수 있다. 특히 제조분야의 경우 직접비 및 간접비 등 모든 요소에 적용할 수 있는 도구로써 많은 기업에서 활용되고 있는 원가절감을 통한 이익을 달성하는 중요한 활동 요소이다.

1. 적용 분야

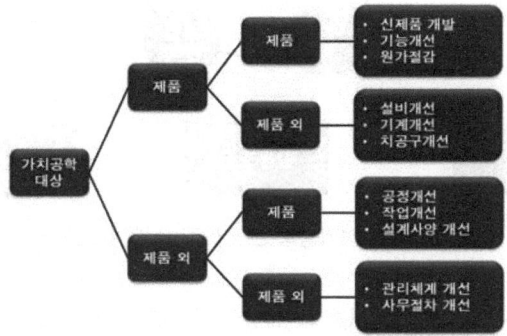

[그림2-5-3] 가치공학 적용 분야

2. 기본 원칙

<표2-5-2> 가치공학의 기본 원칙

사용자 우선의 원칙	고객의 요구 사항이 무엇인지, 고객의 사용 목적이 무엇인지를 고려한다.
기능 기본의 원칙	기능 기본의 사고방식을 철저히 파악한다.
창조에 의한 변경 원칙	정보 x 팀웍 x 창조력 x VE 기법으로 배가되는 변화를 창조한다.
팀 디자인 원칙	최선의 정보 기술을 집약하여 최대의 결과를 도출하여야 한다.
가치 향상의 원칙	향상 기능과 코스트 양면에서 추구한다.

위의 다섯 가지 원칙을 성실히 수행함으로써 가치를 달성할 수 있다. 특히 중요한 것은 프로젝트에 참여하는 멤버가 설계변경, 구매 원자재, 부품 선택, 공정 개선, 유통 개선, 외주 개선 등의 활동을 전개하다 보면 지금보다 혁신적인 방법을 찾아내는 것이다. 또한 다음과 같은 사항을 참고로 하는 것이 좋다.

- 테마에 관련된 각 부문의 멤버를 구성원으로 수평 조직으로 구성
- 각 부문의 정보와 지혜를 모아 기회손실 축소
- 근본적 대책, 다양한 방법을 단기간에 수집
- 종전과 달리 철저한 조사, 분석, 발상, 시험 실시 가능
- 경험하지 못한 가정에서 큰 성과를 창출
- 조직은 활성화되고 멤버 개개인은 새로운 자기의 능력을 활성화시키고 확인

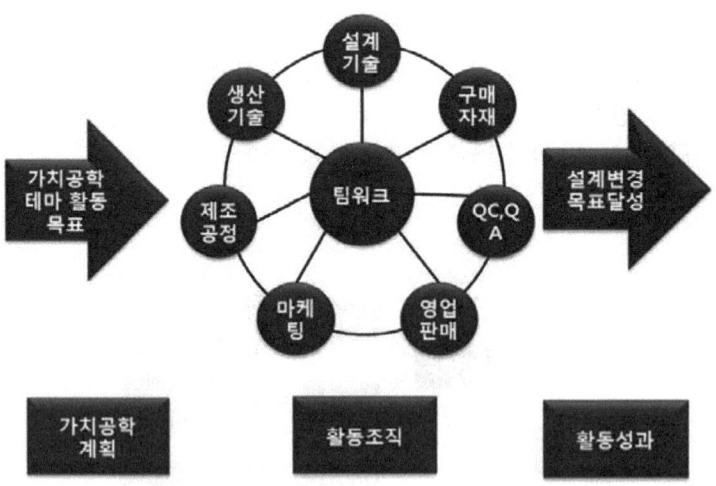

[그림2-5-4] 가치공학 프로젝트 수행 프로세스

활동 목표를 달성하기 위해서 활동하는 조직의 팀워크가 가장 중요하다. 최고경영층의 관심과 명확한 목표의 설정이 중요하고, 따라서 프로젝트를 수행하기 위해서는 리더의 역할이 필요하다.

5 가치공학 활동 기본 프로세스

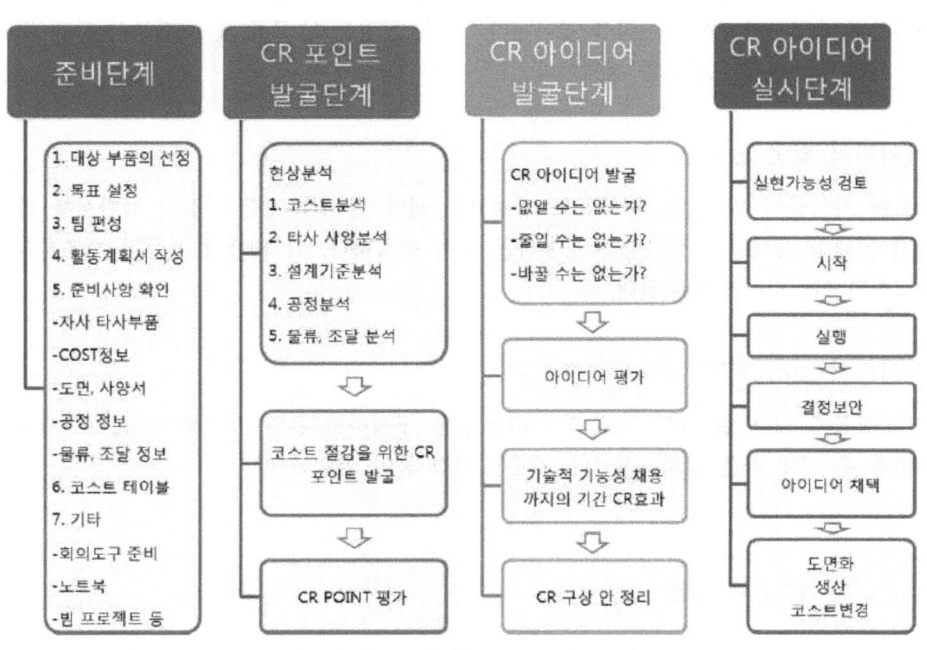

[그림2-5-5] 가치공학 활동 기본 프로세스

1. 준비 단계

(1) 대상 부품의 선정

가치공학 대상 품목의 선정은 가치공학 활동 추진 시 중요한 부분 중 하나인 대상 제품이나 대상 공정인 경우에 가치공학 활동을 통한 최대의 결과를 얻기 위한 것이기 때문에 중요하다. 전체 아이디어를 100%로 볼 때 가치공학 대상 제품을 선정하는 과정에서 개선 아이디어는 비율로 보아 5%정도 점유된다고 본다.

(2) 목표 선정

가치공학 활동의 목표 설정 시 목표를 너무 낮게 설정하면 혁신적인 아이디어를 도출하기 어렵고 작은 결과를 초래할 수 있으므로 가치공학 활동 절감 목표는 의욕적으로 높게 설정하는 것이 좋다.

(3) 팀 편성

팀원은 보통 5~8명 정도의 분임조 단위로 편성하는 것이 좋다. 대상 테마의 가치 향상 능력이 팀원에게 있기 때문에 팀원의 능력을 확인하는 절차도 중요하다.

설계품질관리

2. CR(Cost Reduction) 포인트 발굴 단계

제품의 원가를 분석하고 경쟁사의 제품과 비교하여 강점과 약점을 분석한다. 이를 통하여 자사의 설계기준과 요구사항과의 차이점을 찾아낸다. 또한, 공정분석, 물류 및 조달분석 등을 정리하여 종합적인 원가절감 포인트를 정리한다.

3. CR 아이디어 발굴 단계

체크리스트를 작성하여 원가절감 구상표를 작성하고 테마 별 원가절감 구상안 제안서를 작성하여 원가에 대한 상세한 구성사항을 도출하는 것이 필요하다. 각 제품의 부품별 제조사의 가격과 비교하면 아이디어가 도출된다.

4. CR 아이디어 실시 단계

원가절감 구상안에 대한 실행계획서를 작성하여 팀을 구성하고 운영 결과를 바탕으로 채용여부를 결정한 후 이에 따른 설계변경이나 구매선 변경 등이 필요하다.

실기내용 가치공학 활용

1. 설계하고 있는 부품 혹은 제품의 원가를 계산해 보고 원가를 낮출 수 있는 방안이 있는지 검토하여 자료를 정리해 보시오

2. 위에서 검토한 자료를 바탕으로 원가절감형 부품 설계 시 기능적인 측면, 생산 및 가공 측면, 제품에서의 역할 측면에서 적용이 타당한지에 대해 검토해 보시오

3. 하나의 부품에 대한 분석을 마쳤다면, 제품 혹은 제품군에 대한 가치공학적 분석을 실시해 보시오

단원명 2. 설계 중 관리하기

장비 및 도구, 소요재료

구 분	명 칭	규격(사양)	1대당 활용인원
장 비	컴퓨터	공용	1
	문서관리프로그램	공용	1
공 구			
소요재료	복사지		

안전유의사항

1 시스템을 구성하고 있는 요소 및 시스템에 대한 구성요소에 대한 확인 및 설계 시 설계 변경 시 지속적으로 관리할 수 있도록 한다.
2 BOM을 활용하여 설계 부품 별 구성의 적합성을 유지·보완·관리한다.
3 설계품질관리를 위한 규격 및 규정 관련 문서를 체계적으로 관리하고 그 내용을 파악하도록 한다.

관련 자료

1 공병채, 기계설계분야 모듈교재, 품질관리, 2013.09, 한국산업인력공단

설계품질관리

| 2-6 | 제작공정을 고려한 설계품질 |

| 교육훈련 목표 | • 설계된 제품의 제작 공정을 고려하여 최적의 설계품질이 되도록 확인할 수 있다. |

| 필요 지식 | 공정을 고려한 설계 |

1 개요

설계된 부품 또는 이미 설계되었으나 변경이 필요한 부품은 여러 가지 제작 공정을 거쳐 생산되며, 다른 부품과 조립을 통해 제품으로써의 기능을 발휘하게 된다. 설계자는 기계적인 특성을 고려한 설계이외에도 제작을 위해 어떠한 제조공법을 사용하는지, 생산된 제품이 어떻게 운송되는지, 부품의 조립방법은 어떠한지, 납품과정과 사용자의 사용조건은 어떤지에 대해서도 면밀히 검토할 필요가 있다. 이 가운데 부품의 제작과 조립의 공정에 대한 지식을 설계에 반영하여 최적의 품질을 유지할 수 있도록 하여야 한다.

1. 제작 공정을 고려한 설계

설계자는 제품이 가져야할 기능과 경제성, 외관 외에 부품의 경량화 및 소형화, 부품 수의 감소, 제작 공정의 복합화 및 통합화를 추구하여 경쟁력을 확보하여야 한다. 특히, 공정에 대한 고려가 반영된 설계를 통해 제품 제작을 위한 과정을 단축하고 조립 단계를 원활히 할 수 있도록 하여 경쟁력을 갖추어야 한다.

또한, 설계자는 사용자가 느낄 수 있는 제품에 대한 기능성, 감성, 경제성 및 외관을 고려하며, 이 모든 것을 만족할 수는 없지만 최대한 달성할 수 있는 수준을 설계 단계에서 판단하여야 한다. 이를 위해 제품도의 검증과 함께 실질적으로 제품이 제작될 수 있도록 설계되어야 한다. 도면에 표기된 각종 공차와 제품에 적용될 규격을 면밀히 검토하고 확실하지 않거나 기재가 누락된 내용에 대해서는 공정설계 담당자와 협의하여 조정 작업을 거쳐야 한다. 제품도와 함께 해당 제품과 관련된 자료 즉, 판매량, 판매지역, 납품시점, 관계사, 공정비용 등을 고려하여 원하는 형태로 제품 생산에 활용할 내용인지 검토하여야 한다.

2. 제품 설계와 공정

제품설계에 반영된 규격을 실제 제품에 맞도록 만들어내는 과정이 제작공정이다. 설계자는 기본공정에 대한 지식과 제품제조를 계획하는 공정전개기술을 응용하여 이를 도면에 반영하여야 한다. 제품을 제작하기 위한 공정의 조건이 서로 목적하는 바가 다르지만, 제품 설계자는 모든 면에서 기능에 부합되는 제품을 설계하되, 공정과정에 대한 이해를 통해 가장 경제적인 방법으로 제작이 될 수 있도록 하여야 한다. 제작된 도면을 통해 공정을 설계하고 관리하는 직종 근무자는 제조원가를 절감하는 방향으로 제조 과정을 꾸려야한다. 따라서 제품도면에는 후공정을 위해 명확하고, 제작 및 조립을 위한 안정성이 반영된 도면을 작성하여야 한다. 예를 들어 설계변경 내용을 적용하는 경우, 제품 제작을 위한 공정순서, 사용되는 공구 종류, 작업계획, 품질 등에 영향을 미치지 않도록 하여야 하며, 꼭 필요한 경우를 제외하고 가능한 설계를 변경하지 않기 위한 노력을 기울어야 한다.

2 예시를 통한 공정의 이해

제작공정에서는 기본적으로 제품이 어떻게 만들어 지는가를 결정한다. 따라서 제품 설계자는 도면으로 나온 결과물이 제작되는 과정에서 발생하게 될 제품에 미치는 영향에 대해서도 이해를 하여야 한다. 예를 들면, 천공용 펀치로 공작물을 가공하는 제품을 설계하고자 할 때 설계도면에 제시된 형상이나 가공 조건이 제작에 사용되는 공구나 지그의 세팅과 잘 맞지 않게 반영된 경우 설계자의 의도대로 제작하기 위해 별도의 공정이나 지그를 제작하게 되어 비용이 발생하고 이로 인해 제품의 가격이 상승하게 되는 원인이 된다. 또한, 제품의 사용 중 정기적인 수리가 필요하거나 제품의 일부 파손에 의한 정비 시 부품과 부품 사이의 조립 순서에 따라 서비스 작업자의 공수가 결정되므로 이 또한 제품의 개발 비용에 포함되기도 한다.

아래의 그림에서 왼쪽 그림을 보면 펀칭 작업 시 펀치가 원재료의 경사면을 타고 밀려나게 될 우려가 있으며, 펀치의 마모와 절삭작용이 불균일하게 되는 원인이 된다. 반면에 오른쪽 그림을 보면, 펀치되는 방향이 원재료와 직각을 이루게 되어 제작하는데 어려움이 없다.

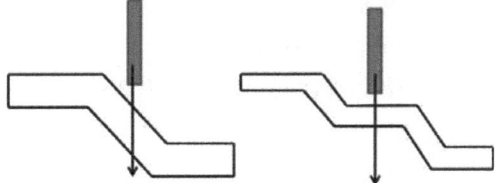

[그림2-6-1] 고유 신뢰성과 사용 신뢰성 비교

3 기타 고려사항

설계 및 설계변경 시 관련 규격에 대한 대책을 세우는 것이 주요 사항이다. 주로 이 부분은 설계 시점, 설계 변경 시점이 발생하여도 다시 원래 상태로 돌아가야 하는 경우가 많기 때문에 담당자는 규격, 법규 등에 주기적으로 검토하여야 한다.

사용 재료 측면에서 보면 원자재의 파동과 관련하여 주요 재료에 대한 동향을 주기적으로 파악하고, 대체 재질을 미리 선택하여 놓는 것이 좋다. 또한 가공조건에 대한 대책을 마련해 두어야 한다. 공정의 전개에 있어 적절한 공작물 관리의 미숙으로 가공기준면과 고정면의 엇갈림으로 비틀림 및 외관의 손상을 초래하지 않도록 하여야 하며, 부적절한 취급으로 불량이 발생하지 않도록 하여야 한다. 불완전한 검사를 하여 제품 품질의 저하되는 것을 방지하여야 하고, 부정확한 작업순서로 인한 품질 영향을 최소화하도록 하여야 한다.

설계품질관리

장비 및 도구, 소요재료

구 분	명 칭	규격(사양)	1대당 활용인원
장 비	컴퓨터	공용	1
	문서관리프로그램	공용	1
공 구			
소요재료	복사지		

안정유의사항

① 시스템을 구성하고 있는 요소 및 시스템에 대한 구성요소에 대한 확인 및 설계 시 설계 변경 시 지속적으로 관리할 수 있도록 한다.
② BOM을 활용하여 설계 부품 별 구성의 적합성을 유지·보완·관리한다.
③ 설계품질관리를 위한 규격 및 규정 관련 문서를 체계적으로 관리하고 그 내용을 파악하도록 한다.

관련 자료

① 김경진, 양지경, 생산관리분야 모듈교재, 생산공정설계, 2010.11, 한국산업인력공단

단원명 2. 설계 중 관리하기

| 단원명 2 | 교수방법 및 학습활동 |

교수 방법

- (강의법 및 시연) 설계 품질과 관련하여 개별 요소의 구성, 기계적 특성의 확인 방법, 성능과 품질과의 관계, 설계 단계별 적합성 검토 방법, 가치공학을 통한 원가절감 방법, 제작에 필요한 공정에 대한 개념의 정립을 통해 설계품질관리에 대한 중요성을 인지시킨다.
- (토의법) 강의법에서 언급한 내용에 대해 학습자와 교수자, 학습자 간 토의를 통해 문제 해결 방안, 방지 대책 등에 대해 토론을 통해 의견을 나누어 본다.

학습 활동

- (강의 참석) 교육·훈련 일정표에 따라 진행되는 강의에 참석하고 강의 내용을 이해하도록 노력한다.
- (문제해결 / 협동학습) BOM 구성, 원가절감 예시, 기능 시험성적서, 공정도를 검토하여 설계 품질과 관련된 내용을 조사하여 분야별 문제점을 해결하기 위해 모둠을 구성하여 협동학습을 통해 설계적인 문제점을 파악해보고 이를 해결할 수 있는 방안을 모색한 후 그 결과를 발표를 통해 학습원들과 의견을 교환한다.

설계품질관리

| 단원명 2 | 평가 |

평가 시점

- (정기시험)중간고사 및 기말고사 기간에 학습자들이 개별 요소의 구성, 기계적 특성의 확인 방법, 성능과 품질과의 관계, 설계 단계별 적합성 검토 방법, 가치공학을 통한 원가절감 방법, 제작에 필요한 공정과 관련하여 학습한 내용을 확인하며, 기말고사에서는 내용의 중요도에 따라 반복하여 평가를 실시한다.

평가 준거

평가자는 피평가자가 수행 준거 및 평가 내용에 제시되어 있는 내용을 성공적으로 수행할 수 있는지를 평가해야 한다. 평가자는 다음 사항을 평가해야 한다.

평가영역	평가항목	성취수준		
		우수하다	보통이다	미흡하다
설계 중 관리하기	개별 요소시스템의 구성 상태 확인			
	기계의 특성에 맞는 설계 검토			
	기계 성능과 품질상태 확인			
	단계별 상호 적합성 검토			
	V.E 적용 방법			
	제작공정을 고려한 설계			

- 성취수준 : 평가항목에 따라 성취수준을 체크, '우수하다'는 학습자 스스로 (완벽히) 수행이 가능한 경우, '보통이다'는 타인의 도움을 받아 수행하는 경우, '미흡하다'는 수행이 어려운 경우로 만약 학습자가 특정 문항에 '미흡하다'로 체크가 된다면 취약한 분야에서 성취해야 하는 필요 능력에 대한 피드백 실시

단원명 2. 설계 중 관리하기

평가 방법

평가영역	평가항목	평가방법
설계 중 관리하기	개별 요소시스템의 구성 상태 확인	과정평가 결과평가 서술형시험 사례연구 포트폴리오
	기계의 특성에 맞는 설계 검토	
	기계 성능과 품질상태 확인	
	단계별 상호 적합성 검토	
	V.E 적용 방법	
	제작공정을 고려한 설계	

평가 문제

1. 설계변경의 원인이 되는 가능한 사유들에 대해 설명하시오.
 -
 -
 -

2. 설계검토서에 포함되어야 할 5개 부문과 각 부문에서 수행할 내용에 대해 기술하시오.
 -
 -

3. 설계검증절차 중 검증계획서 수립 후 도면설계검증 전에 수행하는 6개 항목에 대해 설명하시오.
 -
 -
 -

4. 파일럿설계 단계에서의 검토사항 중 조립성 검토와 관련 내용에 대해 설명하시오.
 -
 -
 -

설계품질관리

5. 5가지 가치향상의 패턴에 대해 설명하시오.
   -
   -
   -

6. 부품설계와 공정과의 관계를 생각해 보고, 설계 시 고려할 사항에 대해 설명하시오.
   -
   -
   -

피드백

1. 평가자 질문
- 질문에 대한 피평가자의 답변을 유도하도록 노력하고 잘 못된 답변에 대해 피평가자 스스로 답을 구할 수 있도록 지도합니다.

2. 사례연구
- 사례연구 결과를 모든 학습자와 공유하여 확인 학습할 수 있도록 데이터화하여 제시
- 제출한 내용을 평가한 후 수정사항과 주요 사항을 표시하여 다음 수업 시간에 확인 설명

단원명 3. 사후 관리하기

단원명 3 사후 관리하기

3-1 설계품질관리와 표준 활용방법

교육훈련 목표
- 설계품질관리에 대한 전반적 개념 이해를 바탕으로 공정별, 부문별 설계지침서를 확보하여 활용하고 지속적인 설계개선활동을 할 수 있다.

필요 지식 설계품질관리의 이해, 설계표준활용

1 설계품질관리의 이해

1. 설계품질관리의 개념

21c 제조현장은 컨베이어로 대별되던 대량생산의 시대가 저물고 고객이 중심이 되는 다품종 변량생산시대로 변화되고 있다. 이러한 시대적 요구에 맞춰 일반적 제조업의 생산방식은 SCM(Supply Chain Management & Manufacturing)에서 요구하는 생산방식인 '후보충 생산방식'으로 진화되고 있다. 이러한 생산시스템의 변화는 제조부문 뿐 아니라 설계부문에도 많은 변화를 요구하고 있는 것이 당연한 사실이다.

이는 품질루프(Quality Loop)를 통해 쉽게 이해할 수 있다. 품질루프는 요구품질, 설계품질, 제조(적합)품질, 서비스품질 및 시장품질을 기업 조직 내에서의 연관관계에 대해 사이클로 나타낸 것으로 각각의 품질의 연관관계는 [그림 3-1-1]과 같다.

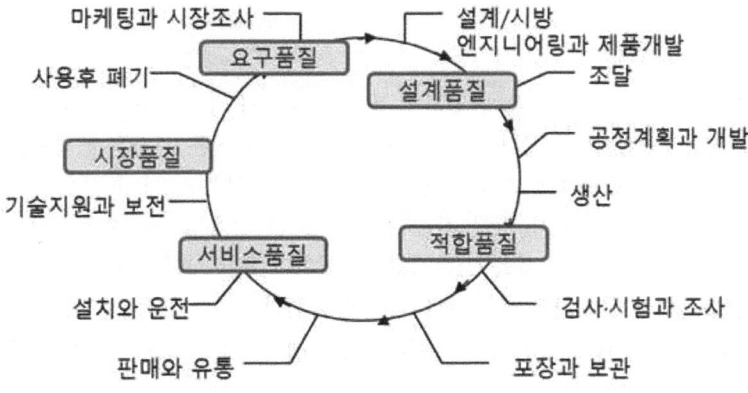

[그림3-1-1] 품질 루프(Quality Loop)

설계품질관리

요구품질은 소비자의 기대품질로서 고객이 필요로 하고 있는 품질특성을 의미한다. 따라서 이것은 바로 그 제품에 대한 소비자의 요구조건이라고 할 수 있다. 즉 설계부문은 소비자의 요구를 정확하고 광범위하게 조사하여, 이것을 그 제품이 당연히 가지고 있어야 할 품질 특성으로 규정한 후 이것이 최종 품질로 구현되도록 노력할 필요가 있다.

그러므로 요구품질은 설계품질의 입력사항이 되며, 설계 전체 단계에 걸쳐 일관성 있는 품질을 확보하는 것이 중요하다. 또한 요구품질에는 고객이 직접 요구하지 않는 부분도 존재하는데 이는 국가 또는 사회가 강제적으로 적용하게 하는 관련 법규와 강제인증사항으로 기본적 사항으로 요구되어 있다. 예를 들면 승강기의 승·하강시 안전 문제, 유모차의 납 성분의 유해성 문제 등에 관한 사항이다.

설계품질은 이러한 요구품질을 구체적으로 도면 등의 방법으로 표현하는 것이므로, 실제로 제품을 생산하는 제조부문의 입장에서는 고객요구품질 및 법적 요구사항을 해결할 수 있는 기술적인 능력과 가장 경제적 방법으로 생산이 가능하도록 하는 것을 제시하는 것이라고 할 수 있다. 그러므로 설계품질은 고객의 요구, 각종 법률적 규제, 사회적인 요구, 관련부품의 품질, 제조능력 등에 대한 검토를 통하여 결정된 제품의 품질특성을 구체적인 산출물인 도면, 시방서 및 규격 등으로 표현한다.

제조(적합)품질은 이러한 설계품질의 제시사항에 적합한 수준의 제품을 만드는 것이다. 또한 이를 적절히 포장 또는 소비자의 기호에 맞춰 지원하는 서비스를 제공하여 고객에 인도하면 소비자의 평가가 이루어진다. 이를 시장품질이라 하는데 제품의 특성 등에 대한 고객의 선호도에 따라 잘 팔리는 제품이 되기도 하고 그렇지 않은 제품이 되기도 하게 된다. 결국 소비자의 선택에는 제조기술적 측면의 우수 제품인 양품이 아닌 시장의 요구사항을 제대로 파악하여 고객이 선호하는 제품을 제시하는 것이 가장 중요하며 이는 곧 설계가 품질의 구심점이 된다는 것이다.

그러므로 설계품질을 확보하는 것은 무엇보다도 고객만족경영에 필수적인 원류적 기능이라 할 수 있으며, 결론적으로 곧 기업의 경쟁력을 좌우하는 요인이 된다.

2. 설계품질관리의 전개

기계설계품질은 고객의 요구사항을 반영하여 판매할 설비를 구체화하는 것이다. 그러나 '참 품질특성(이하 ' 참 특성 '이라 한다)' 이라 하는 고객요구품질은 '작은게 좋다.' 또는 '빠른게 좋다.' 등의 막연한 용어로 나타난다. 그러므로 설계부문은 참 특성을 '대용특성' 으로 정의되는 관리 가능한 기술적 언어 즉 '길이' 또는 '속도' 등으로 변환하여야 한다. 이 때 정의된 대용특성은 참 특성을 만족시킬 수 있어야 하며, 또한 참 특성과 대용특성과의 관계를 통계적으로 해석하여 바르게 정의하여 두어야 한다.

이러한 고객요구품질을 대용특성으로 전환하는 품질해석단계의 절차를 정리하면 아래와 같으며 이러한 순서로 실행한다.
① 고객요구사항인 참 특성을 파악한다.
② 참 특성에 해당하는 측정 가능한 대용특성을 결정한다.

단원명 3. 사후 관리하기

③ 대용특성을 나열하고 참 특성과의 관계를 경쟁사 또는 소비자 평가 등을 고려하여 관련성을 올바르게 파악하여 정리한다.

이는 설계품질관리를 올바르게 진행하기 위한 중요한 절차로서 '품질기능전개(Quality function deployment)'라고 한다. 품질기능전개는 '품질하우스(House of quality)'를 중심으로 설계해가는 기법으로 고객이 요구하는 '무엇(What)'과 고객의 요구를 충족시키기 위해서 제품과 서비스를 '어떻게(How)' 설계하고 생산할 것인지를 서로 관련시켜 나타내는 매트릭스로 나타내는 품질표이다.

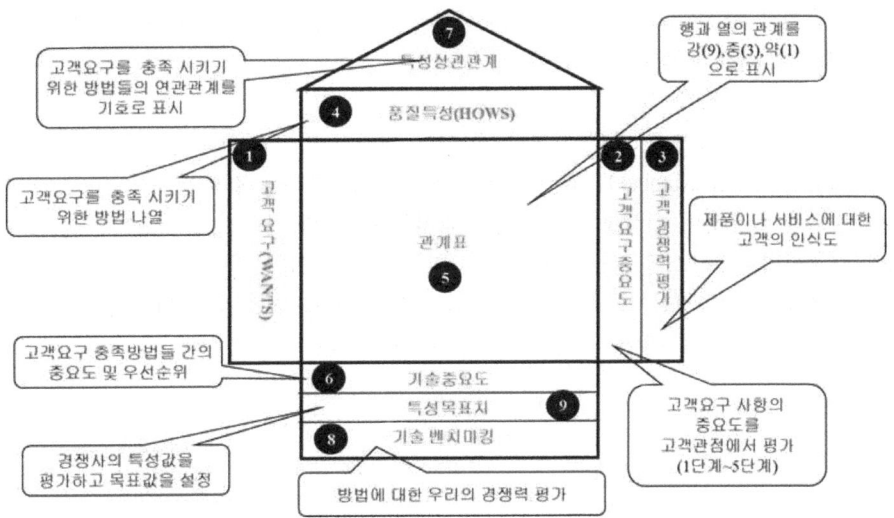

[그림3-1-2] 품질하우스(House of Quality)

2 설계품질관리 효율화하기

설계의 출력은 곧 제조품질 즉 적합품질의 입력사항이 된다. 그러므로 설계단계에서 근본적으로 품질문제를 제거하는 것이 곧 제조단계의 품질문제를 발생시키지 않게 되는 것이다. 이러한 측면에서 국내외의 초일류기업들은 설계단계에서부터 품질관리를 강화하고 있으며, 현대자동차는 이러한 시스템적 접근방법을 구축하고 '사전제품품질계획(Advanced Product Quality Planning)'이라 명명하여 협력업체와 함께 개발설계 단계에서부터 불량 0를 위한 접근을 해 나가고 있다.

이러한 개발설계단계에서 제조시의 품질 및 안전문제를 효과적으로 조사하여 반영하기 위한 방법이 FMEA(Failure mode and effects analysis)기법이다.

FMEA는 시스템이나 기기의 잠재적인 고장 및 불량모드를 찾아내고 가동 중 고장 또는 불량이 발생하였을 경우 그 상위 아이템에 어떠한 영향을 미치는가를 상향적(Bottom up)으로 예측

하는 수법이다. 즉 부분요소의 고장형태에 대해 일어날 수 있는 고장형태를 예측하고 기능블록도에 따라 차례로 고장의 영향을 검토하여 문제점을 추출하는 것이다. 이러한 분석을 수행함에 있어 고장발생의 빈도, 시스템에의 영향도, 검출의 난이도 등을 카테고리 순위로 점수를 부여하고 평점이 큰 것에 대해서는 설계 시 또는 제조 시에 대책을 수립한다.

FMEA 수법은 기계요소를 포함한 시스템설계 단계 및 설계심사 단계에서 오래 전부터 적용되었으며, 용도에 따라서 제품 FMEA, 공정 FMEA, 설비 FMEA 및 서비스 FMEA 등으로 구분한다.

설계단계의 FMEA는 제품설계단계에서 작성하여 양산 초기 샘플을 제조하기 위한 자료에 포함되어야 하는데, 그 이유는 FMEA 결과에서 분석된 예상고장형태가 제조 시 발생하지 않도록 예방하기 위한 활동에 대한 중요한 기준이 되기 때문이다. 또한 설계변경 시 FMEA도 갱신되어야 하므로 이를 이력관리 하여야 한다.

이러한 FMEA의 효과로는
① 잠재결함 및 고장모드를 미리 제거할 수 있는 체계적 접근법이다.
② RPN (Risk Priority Number)을 활용하여 주요 신뢰성 항목을 결정할 수 있다.
③ 관리방법을 활용하여 이상조치 매뉴얼을 작성할 수 있다.
④ 고장검출방법 및 시스템 성능을 모니터링 할 때 기초자료가 된다.
⑤ 유사시스템이나 공정설계 시 잠재결함 및 고장에 관한 자료가 축적되어 교육용 자료로 활용할 수 있다. [그림 3-1-3]은 설계 FMEA의 샘플 예이다.

[그림3-1-3] 설계 FEMA 예시

3 설계오류 방지를 위한 설계표준의 활용

설계단계에서는 설계입력사항으로 검토하여야 할 사항이 매우 다양하다. 주요 검토내용으로는 크게 정부 및 지자체에서 설정한 법령 및 강제규격, 고객 요구사항, 특허 및 제약조건, 사용부품에 관한 지식, 내부 및 협력업체의 프로세스 상의 제약조건 등에 해당한다. 이러한 제약조건을 체계적인 절차의 전개 및 검토항목을 규정한 기준서 등을 통해 설계업무를 진행하지 않는다면 일부 요건이 누락 또는 오적용 상태로 도면 등이 출도 될 수 있으므로 제조단계에서 잦은 설계변경이나 불량감소를 위해 연마, 사상 등의 부가작업이 추가되는 원인이 된다.

그러므로 설계 프로세스 전 단계에 걸쳐 설계업무를 표준화하여 각 단계별 발생할 수 있는 오류를 최소화 하는 것이 필요하다. 이러한 설계단계는 설계계획단계, 사양 검토 및 설계 입력단계, 설계 검토 단계, 설계 출력 단계, 설계 검증 및 유효성평가 단계로 구분되며 주요사항은 다음 내용과 같다.

설계계획단계에서는 설계 담당은 설계계획서(개발 계획서에 삽입 가능)를 작성하여 업무를 추진하며, 계획서에는 각 단계별 책임자를 명시하고, 설계가 진전됨에 따라 설계계획서를 갱신한다. 그리고 설계팀장은 설계업무를 자격을 갖춘 설계자에게 배정한다. 이단계의 출력물은 설계계획서, 개발계획서, 기술인원 자격인정서 등이 있다.

사양 검토 및 설계 입력단계에서는 고객의 개발 검토 의뢰서 또는 요청서를 접수하면 고객 사양을 검토한다. 고객으로부터의 구두요청 혹은 새로운 시장 개척을 위한 검토가 필요할 경우에도 동일하게 사양검토를 한다. 그리고 설계팀장은 개발검토 의뢰서의 내용에 고객의 사양이 불완전하거나 잘못이 있는지 확인하여 필요 시 내·외부에서 수정, 보완 및 관련 참고정보를 입수하도록 한다.

이 단계에서는 정부의 안전/환경 규제 사항과의 일치 여부 확인을 위한 관련 법규 및 특허 관련 사항을 수집하고 검토한다. 또한 고객사양검토서에 따른 타당성 검토 결과를 포함한 제반요구 사항 등을 참고로 관련 부서와의 협의 등을 통하여 설계 입력 사항을 검토한다.

그리고 설계입력에는 제품의 수명, 신뢰성, 내구성 등의 설계 목표와 정부의 안전/환경 규제 사항을 포함시킨다. 이 단계에서는 회사 내부의 관련요원들과 팀을 구성하여 설계 FMEA를 실시하며, 설계팀장은 이를 검토 및 승인한다. 이 결과를 통한 출력물은 고객 사양 검토서, 설계 입력 리스트, 특허 및 논문, 관련 국제규격 및 단체 규격 등이다.

설계 검토 단계에서는 설계자는 설계 검토를 통하여 설계된 도면 및 사양의 적합성을 확인하고 설계팀장의 승인을 득한 후 설계 검토 결과를 문서화하고 설계 문서 등록 대장에 기록한다. 이 때 여러분야가 관련되는 종합적인 설계 검토가 필요하다고 판단되면 관련 설계 검토 회의를 소집하여 종합적인 검토를 실시한다.

설계 출력 단계에서는 설계 입력 자료를 근거로 설계 출력을 하며 다음 사항을 포함하는 공정의 결과를 반영한다.

① 단순화, 최적화, 기술혁신의 노력 및 낭비의 감소를 위한 노력
② 해당되는 만큼의 기하학적 치수 및 공차법의 활용

설계품질관리

③ 비용과 성능 평가서
④ 시험, 생산, 현장으로부터 피드백 사항

설계 출력인 도면은 도면 관리 대장에 따라 작성하고 제품의 일련번호는 제품 번호부여에 대한 지침서를 설정하고 정해진 규칙에 따라 부여한다. 또한 출력된 도면에 대하여 특별 특성의 선정, 기술적 요건의 적합성, 선정 자재의 적합성, 합격 기준 및 허용치, 안전 및 환경의 적합성을 파악하고 검토한다.

설계 검증 및 유효성 평가단계에서는 설계가 완료되면 해당 제품에 대하여 시작품 제작이 필요한 경우, 시제품을 제작하며, 고객이 요구하는 경우에는 시작품을 지원하고 관련절차에 따라 검증을 실시한다.

유효성 확인 시험을 위해서는 정해진 운용 조건하에서 성능 시험을 하며 최종 제품에 대해 실시함을 원칙으로 하나, 필요시 최종 제품이 제작되기 전에 실시할 수 있다. 이 때 설계가 요구하는 성능을 발휘하지 못할 경우에는 원인을 파악하여 필요에 따라 설계 계획 단계부터 재검토한다. 설계 검증 방법은 다음과 같이 실시한다.

① 대체 계산: 스트레스, 변위, 용량, 열전달 등 기계적 성질과 물리적 성질의 계산
② CAD 작성 : 최대 실체조건 등의 산출
③ 솔리드 모델링 및 FEA(Finite-Element Analysis ; 유한요소분석법)
④ 시작품 제작
⑤ 측정 검사 및 성능 시험
⑥ 외부기술 이용 등

이러한 분석 결과 구매자가 제시한 도면, 규격, 기술자료, 등의 변경이 있을 경우 설계변경의 뢰결과 통보서를 작성하고 관련부서와 협의 검토하여 수정·보완하며 구매자의 승인을 득하고 최종승인권자의 확인을 받아 적용한다.

실기내용　품질기능전개, 설계 FMEA의 기초 개념 학습

1 품질기능전개 이해하기

품질기능전개에서 요구하고 있는 항목 중 다음 항목이 무엇을 뜻하는지 조사하여 정리하십시오.
① 고객요구사항(What)
② 설계품질특성(How)
③ 고객경쟁력 평가
④ 특성 목표치

단원명 3. 사후 관리하기

② 설계 FMEA 시트 이해하기

설계 FMEA 시트의 구성 항목 중 다음 항목이 무엇을 뜻하는지 조사하여 정리하십시오.
① 잠재적 고장형태
② 고장의 잠재적 영향
③ 고장의 잠재적 원인/ 메카니즘
④ RPN (Risk priority number)

장비 및 도구, 소요재료

구 분	명 칭	규격(사양)	1대당 활용인원
장 비	컴퓨터	공용	1
	문서관리프로그램	공용	1
공 구			
소요재료	복사지		

안전유의사항

① 설계오류를 방지하기 위해 설계의 세부단계별로 지켜야 할 기준을 준수하여 설계하는 것이 가장 효과적임을 인식하고 관련 표준을 구비하고 준수하는 능력을 습득한다.

관련 자료

① 이순룡, 품질경영론 제2판, 2004.02, 법문사
② 박성현 외, 개정판 통계적공정관리, 2005.09, 민영사
③ 한국생산성본부, 개발설계최적화를 위한 품질원가혁신실천, 2014.03

설계품질관리

3-2　설계종합계획 관리방법

| 교육훈련 목표 | • 설계종합계획에 의한 설계 절차에 대해 계획된 관리로써 설계품질이 최상의 상태로 유지관리가 가능한지 확인할 수 있다. |

필요 지식

1 설계종합계획 관리의 필요성

　설계 업무를 추진하다 보면 '제품 개발 및 DR(Design Review) 프로세스'가 불분명한 경우를 종종 발견하게 된다. 즉, 개발 제품의 품질, 원가, 납기의 검증 및 리스크 관리가 잘 안 되는 것은 물론 설계 업무에 있어 불필요한 프로세스의 수행으로 인한 업무과다와 낭비 발생이 나타나게 된다.

　또한 '개발 목표가 명확하지 않는 상황'에서 개발이 진행되는 경우가 발생한다. 단순히 품질 목표 정도의 개발 목표만 수립하여 진행함은 물론 이로 인해 개발 후 수익성이 없거나, 경제성 없는 개발로 나타나는 경우가 많이 발생한다.

　마지막으로 '제품개발정보가 생산부서에 원활히 공유되지 않는다.' 이로 인해 신규제품의 초도관리가 지연되어 양산 전 충분한 검토가 이루어지지 않아 양산 시 트러블 및 낭비가 많이 나타난다. 또한 생산 정보 역시 설계에 반영이 잘 되지 않음으로 인해 이러한 사항에 직면하기도 한다.

　이러한 문제를 해결하기 위해서는 개발단계의 설계품질보증시스템을 구축하고, 개발정보의 공유와 설계 단계적 DR 업무가 체계적으로 실시되는 것이 필요하다. 이러한 단계적 활동 활동은 개발일정을 효과적으로 관리하기 위해 설계 계획 시점에서 프로그램화 하여 설계종합계획 일정이 수립되어 관리되는 것이 효과적이다.

2 개발단계의 품질계획과 검토항목

1. 개발계획단계 계획하기

　개발단계에서 나타나는 문제점은 고객의 전문성이 떨어져서 기준이 불명확하거나 시방서의 내용이 불명확 한 경우가 있다. 또한 설계자가 품질특성을 잘못 해석한다던가 하는 설계오류나 착오가 발생될 수 있으며 도면의 보관관리가 불명확하여 도면이 과거의 도면과 섞여서 적용되거나 출도되는 경우가 발생될 수 있다.

　그러므로 개발계획단계에서는 개발계획 및 타당성 검토가 필요하다. 개발계획 단계에서 사전원가, 원단위, 제조공정도 및 표준시간, 생산 Line 운영방안, 부품 List, 관련특허정보, 고객요구사항, 관련법규, 관련규격 및 제품보증계획 등이 적절히 조사하고 반영되고 있는지를 계획 상에서 조사하고 실행한다.

단원명 3. 사후 관리하기

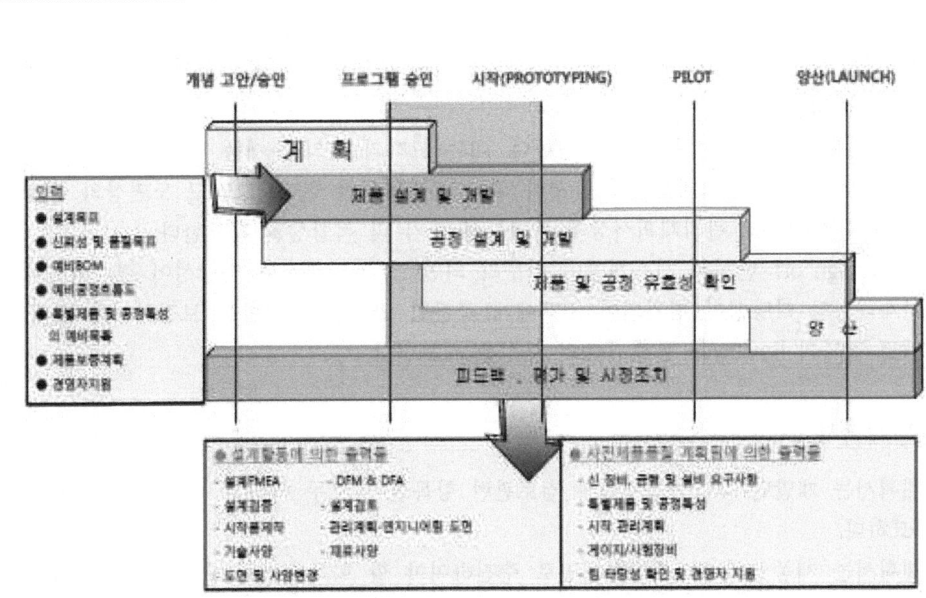

[그림3-2-1] 제품개발단계의 Overview 예시

2. 제품설계 및 개발단계 계획하기

제품설계단계에서 나타나는 문제점은 D-FMEA(설계 FMEA)를 작성하지 않거나 부실하게 작성하는 경우이다. 이는 부품에 대한 성능 및 기능에 대한 검토가 미흡하게 되고 이로 인해 시스템을 연결하여 설계하였을 때 요구하는 성능이 재현되지 않거나 수명이 짧거나 고장이 잦은 설비로 계획되게 된다. 이는 설비초기관리 작업을 지연시켜 제조단계에서 낮은 효율과 납기 지연을 가져오는 주요 원인이 된다. 그러므로 제품설계단계에서는 설계 효율화 활동을 통한 원류관리가 필요하다.

제품설계 효율화 활동에서는 세부적으로 다음과 같은 내용을 포함한다.
첫째, 부품기능분석 및 D-FMEA를 실시한다. 이 단계에는 제품의 블록 다이아그램 작성, 제품 및 부품의 기능분석에 따른 D-FMEA를 실시한다. D-FMEA 결과에 따른 FMEA 체크리스트를 작성한다.
둘째, 제조 및 조립성을 고려한 설계를 한다. 특히 제조 및 조립성, 서비스성 과 원가를 고려한 동시공학적 설계가 이루어질 수 있도록 한다. 이 때 공정의 정보, 설계관련 지식, 경험, 법규관련사항 및 고객요구사항을 필히 반영한다.
셋째, 제품설계가 고객요구사항을 만족시키는지 검증한다. 이 단계에서는 설계 요구 사항의 특성을 규명하기 위해 DOE, 다구찌설계 등을 활용하여 검증한다. 이를 통해 고객요구사항이 충족되고 있는지 실증되어야 한다.
넷째, 설계검토를 실시한다. 설계검토는 설계검증과정의 추적으로 설계엔지니어링 활동에 의

설계품질관리

해 주도되는 정기적 회의이며 설계에 영향을 미치는 다른 부문도 포함한다. 즉 설계검토는 문제와 오해를 예방하기 위한 효율적 방법으로 엔지니어들의 일련의 검증과정이다. 이를 통해 설계검토보고서를 작성한다.

 다섯째, 특별 제품·공정 특성 목록을 작성한다. 이는 고객의 소리를 제품 및 공정 특성으로 전환한 것으로 각 특성은 관리계획서에 문서화 되어 관리되어야 한다. 그리고 도면상의 특별특성 표기 기준을 설정하고 관리계획서상의 특별특성 표기 및 적합성을 확인한다.

 여섯째, DR & Sign off 단계로 제품개발이 마무리 되면 그 개발과정의 타당성이 평가되어야 한다. 즉 설계과정의 타당성이 평가되어 고객에게 충분한 만족을 제공함을 보장하여야 한다. 또한 프로젝트 결과의 Review를 통해 Top의 관심을 제고한다.

3 설계개발계획서

 설계개발계획서는 개발단계의 품질계획과 검토관련 항목들이 모두 나타날 수 있도록 작성하는 것이 중요하다.

 설계개발계획서는 제품설계 및 개발단계별로 추진하여야 할 항목을 일목요연하게 나타내고 개발 일정을 수립하여 표기한 양식이다. 또한 이 양식에는 개발 시 주요한 세부검토사항 및 협조가 필요한 관련자를 기술해 둠으로써 업무 수행 시 지침이 될 수 있도록 작성하는 것이 중요하다.

단원명 3. 사후 관리하기

(사례 1) 설계 개발 계획서						결재	담당자	검토자	승인자
						성명			
						날인			
						일자			
제품명			모델 및 규격						
단계	추진 항목	일정				세부내용	담당자 (협조)	비고 (소요)	
		1/4	2/4	3/4	4/4				
설계입력/출력	.자료입수 및 분석 .설계입력/출력 - 기계설계 - 회로설계 - 전기설계 - S/W설계 - 공정설계					고객요구사항 기술			
시험 제작	.기능시험쌤플제작 .금형제작 .시험기제작(구매) .JIG & FIX 제작 .규격제정					.자재구매 (국내, 외국) .자재, 시험검사, 제품			
설계검토/검증	.설계심사 - 기능시험용샘플 - 양산승인샘플 - 신뢰성시험 - 자체시험/ 외부의뢰시험 .Field Test								
설계유효성 확인	.양산 승인 시험의뢰 .양산이관 .사용자설명서 수리지침서 .보증서					이관 서류 -도면 -규격 -표준 작업 지도서			
설계 변경	.기구 변경 .S/W 변경								
특기사항									

[그림3-2-2] 설계개발계획서 예시

설계점검표는 설계 담당자가 설계업무를 수행함에 있어 고려해야 할 기술적 사항을 정리한 표이다. 주요 점검항목은 관련 법규, 고객요구사항, KS 또는 설계업무와 관련된 규격류, 관련

설계품질관리

특허, 부품의 정보 및 제조공정의 능력 등 필요한 입력 및 출력사항을 기술하여 체크리스트화 한 것으로, 설계 시 활용함으로써 필수적 검토항목의 누락 또는 오용을 방지 할 수 있다.

계약번호		고객명		제품명	
순번	점검항목	상세내역			
1	환경조건	.주위온도 : MAX._℃, MIN._℃ .상대습도 : %이내 .표도 : mm이내			
2	적용규격	□ KS □ JIS □ SBA □ IEC □ NEMA □ MAKER'S STANDARD □ 기타( )			
3	냉각방식	□ 강제풍냉식 □ 기타( )			
4	도장색	□ 5Y7/1 □ 기타( )			
5	변환방식	CONV-ERTER	□ THYRISTOR FULL BRIDGE □ DIODE BRIDGE □ THYRISTOR + DIODE BRIDGE □ 기타( )		
		INV-ERTER	□ THYRISTOR □ TRANSISTOR □ IGBT □ 기타( )		
6	입력사항	.상수 : PH_W .전압 : V±10%_Hz±5%			
7	출력사항	.상수 : PH_W .전압 : V .전압안정도 : V±_% 이내 .용량 : KVA .역율 : % (LAGGING) .파형왜율 : % 이내 .효율 : % 이상 (□ INVERTER □ 종합) .과부하내량 : % 에서_분_초 .소음 : dB (거리_m 높이_m)			
8	BYPASS 사양	.상수 : PH_W .전압 : V±10%_Hz±5%			
9	직류사양	.정격전압 : VDC .최대전압 : VCD .최소전압 : VCD			
10	축전지	.형명 : .용량 : AH_HR .CELLS 수 : CELLS .정전사용시간 : 분 .공칭전압 : V/CELL .축전지설치 : □ CUBICLE □ RACK □ 기타			
11	외함	.TYPE : □ 옥내용 □ 옥외용 .PROTECTION DEGREE : .CABLE ENTRY : □ BOTTOM □ TOP .CUBICLE SIZE : W_X D_X H_(MM)			
12	고객 요구 사항				
작성자 : 날짜 : 승인자 : 날짜 :					

[그림3-2-3] 설계점검표 예시

단원명 3. 사후 관리하기

| 실기내용 | 설계종합계획 관리를 위한 기본적 용어에 대한 이해 |

1 설계종합계획 관리를 위한 용어 이해하기

 설계종합계획을 수립하고 실행하는 과정에서는 많은 설계검토와 검증 등이 단계적으로 실행됩니다. 다음은 설계종합계획 과정에서 사용되는 용어 들입니다. 주어진 용어에 대해 조사하여 정리하십시오.
 ① 원단위
 ② 제조공정도
 ③ DR(Design Review)
 ④ 관리계획서

장비 및 도구, 소요재료

구 분	명 칭	규격(사양)	1대당 활용인원
장 비	컴퓨터	공용	1
	문서관리프로그램	공용	1
공 구			
소요재료	복사지		

안전유의사항

1 설계종합계획 관리에 있어 주어진 역할을 수행할 수 있도록 현장 활용 양식들의 용어를 이해하고 시트의 구성 내용을 습득하여 구성원으로 활동할 수 있는 능력을 갖춘다.

관련 자료

1 이순룡, 품질경영론 제2판, 2004.02, 법문사
2 한국생산성본부, 개발설계최적화를 위한 품질원가혁신실천, 2014.03

설계품질관리

3-3 품질관리 절차서 및 지침서 활용방법

| 교육훈련 목표 | • 개발설계업무에 대한 품질관리 절차서 및 지침서를 이해하고 이를 활용하여 설계품질을 검증할 수 있다. |

필요 지식

1 ISO 9001 품질경영시스템에 관한 지식

21C는 품질경영시대로서 국제적 인증시스템인 ISO 9001은 오늘날 세계 어디에서나 상거래에서 기본조건으로 요구되고 있다.

이 규격은 ISO(국제표준화기구)에서 1987년 ISO 9001 시리즈 규격으로 제정된 이래 전 세계 대다수의 국가가 국가의 품질경영 시스템 규격으로 채택하였고, 채택한 국가의 대다수의 기업 및 단체가 조직의 품질경영시스템으로 적용하여 오늘에 이르고 있다.

하지만 초기에 제정된 ISO 9001 규격은 제조 중심으로 설계되어 서비스 및 정보 부문 등이 적용하기 어려운 점과 ISO 14000 등 타 규격과의 호환성의 문제 등으로 인해 2000년 ISO/TC 176 위원회에서는 몇 가지의 변화를 포함한 새로운 ISO 9001 규격을 제시하여 품질인증시스템으로 시행 중으로 변화된 내용은 다음과 같다.

① 제조업 중심의 규격에서 탈피하여 전 산업으로 확충
② 프로세스 모델을 기초로 하는 일반적 구조로의 전환
③ 사용 간편하고 이해하기 쉬우며 명확한 용어의 사용
④ 기업 스스로의 자체 평가로의 활용이 가능하도록 설계
⑤ ISO 9001과 ISO 9004의 일관된 체계
⑥ ISO 14000 등 관련규격과의 병용성 증대

이를 중심으로 새로이 제정된 ISO 9001은 품질경영시스템 요구사항인 ISO 9001과 기본사항 및 용어(ISO 9000) 및 성과개선지침(ISO 9004)으로 구성되었다.

이 후 지속적으로 규격이 보완되고 있으나 기본적 골격은 유지하고 있는데, 규격의 내용으로는 최고경영자 역할의 중요성, 교육훈련의 유효성 평가 등 경영자원의 관리, 고객만족, 프로세스 어프로치, 지속적 개선 및 지속적 개선에 필요한 ISO 9004의 부속서 A '자기평가지침' 과 부속서 B '지속적 개선' 의 제안 등이 특징이다.

ISO 9001은 제품, 서비스 품질향상을 위한 품질경영시스템에 대한 요구사항이고 ISO 9004는 사업성과 개선을 위한 품질경영시스템 지침이다. ISO 9001은 경영책임, 자원관리, 제품실현, 측정 분석 및 개선의 네 가지 기능이 PDCA와 같은 루프를 구성하여 품질경영시스템(QMS)의 지속적 개선을 전개하여 가고 있다.

단원명 3. 사후 관리하기

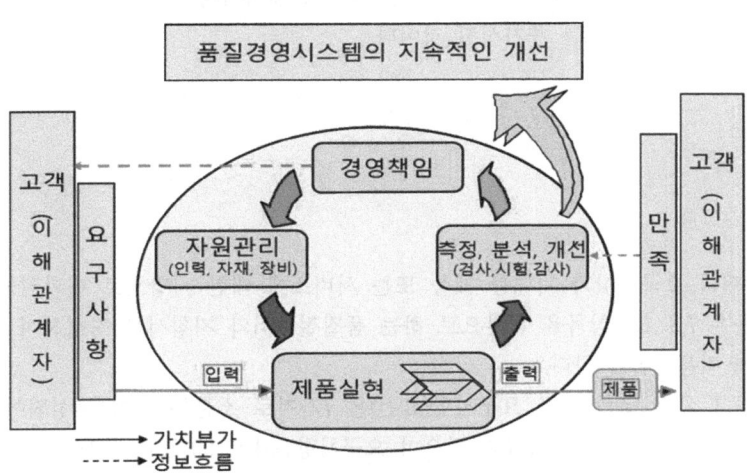

[그림3-3-1] 프로세스 기반 품질경영시스템 모델

ISO 9004 성과개선지침은 초우량경영을 추구하는 품질경영시스템 지침으로 만들어 졌음을 기술하고 있다. 품질경영원칙은 ① 고객중심 ② 리더십 ③ 전원참여 ④프로세스 접근 ⑤ 경영에 대한 시스템 접근 ⑥ 지속적 개선 ⑦ 사실에 의한 의사결정 ⑧ 공급자와의 상호이익의 원칙의 8가지이다.

그리고 ISO 9001 품질경영시스템 요구사항의 구성은 ① 적용범위 ② 인용규격 ③ 용어의 정의 ④ 품질경영시스템 ⑤ 경영책임 ⑥ 자원관리 ⑦ 제품 실현 ⑧ 측정, 분석 및 개선으로 구성되어 있다.

ISO 9001과 함께 ISO 14000이 환경시스템으로 적용되고 있으며, 이들 시스템을 바탕으로 자동차(ISO/TS 16949), 정보통신(TL 9000), 항공(AS 9000) 등의 특정 산업계에서는 특정요구사항을 더 포함하여 섹터별 국제규격으로 확산하여 적용하고 있다.

2 ISO 9001 설계품질관리 요건에 관한 지식

ISO 9001에서는 설계품질보증에 관한 사항에 대한 요구사항을 '7. 제품실현'의 '7.3 설계 및 개발'에 기술하고 있다. 이 요구사항은 품질경영시스템 상의 요구사항이기도 하지만 실제 설계관리 상에서 반드시 고려되어야 할 사항이므로 세부사항을 이해하고 조직에 적용하여 실행하는 것이 필요하다.

이 조항의 적용을 필요로 하는 '조직'의 업무는 고객의 요구 및 기대에 대해, 기대된 성과 또는 기능을 기초로 하는 요구품질 즉 '참 특성'을 정의하고, 일련의 조직에서 실행할 수 있는 제품 또는 서비스의 시방으로 변환되어야 하는 경우 즉 '설계품질 실현'에 관한 내용으로 고객에게 제공될 제품에 대한 설계 및 개발을 다루고 있다. 설계단계에서 나오는 도면

설계품질관리

등이 우수한 결과로 출도 된다면 당연히 설계 이후 단계에서의 문제점들을 감소시키고 조직 성과뿐만 아니라 고객만족도를 증가시킬 것이다.

> ✔ **수행 Tip**
> o '조직'이란 기업을 뜻하는 ISO 9001의 용어이다.

그러므로 고객의 요구사항과 기대를 제품 또는 서비스에 대한 시방으로 변환시키는 설계 및 개발관련 부문은 7.3 요구항목을 근본으로 하는 품질절차서와 지침서를 작성하여 반드시 설계 및 개발단계에 적용하여야 한다.

ISO 9001의 7.3 설계 및 개발의 요구사항(요건)은 7가지로 소분류 되어 구성되어 있다. 소분류 항목과 각각에 대한 내용은 다음과 같으며 요구사항은 ISO 9001을 참고하기 바란다.

① 7.3.1 설계 및 개발 기획

설계는 실행가능성의 검토와 실행 측면이 검토되어야 하므로 설계계획서 또는 품질계획서를 작성하여 설계단계를 효과적으로 계획하고 감시하라고 요구하고 있다.

② 7.3.2 설계 및 개발 입력

설계 시 고객 요구사항, 시장 요구사항, 법적/규제 요구사항, 환경적 문제점, 성능과 관련된 사항 및 프로세스 등에 관한 문제를 포함하여 설계 문제에 관한 모든 요구사항의 근거제시와 정의를 통해 누락이 되지 않도록 요구하고 있다.

③ 7.3.3 설계 및 개발 출력

설계 및 개발 단계의 출력은 그 단계에서 입력 사항이 충족되었음을 입증할 수 있도록 기록하고, 합격판정기준을 합의된 기준으로 설정하여 실행할 것을 요구하고 있다.

④ 7.3.4 설계 및 개발 검토

설계의 세부단계에서 설계업무의 진도관리를 비롯하여 설계업무가 해당 주제에 대해 적절성, 충족성, 효과성 및 효율성이 적정한지 설계검토를 통해 문제를 파악하고 필요한 조치를 제시하도록 요구하고 있다.

⑤ 7.3.5 설계 및 개발 검증

제품 설계 검증은 설계 출력이 설계계획서 등의 입력 요구사항을 충족시키는지 실증하고 기록관리 할 것을 요구하고 있다.

⑥ 7.3.6 설계 및 개발 타당성 확인

설계 유효성 확인에 관한 사항으로 제품이 고객요구조건(또는 가상의 조건)에서 사용이 적합하다는 것을 보장하기 위해 제품설계의 타당성확인이 수행되어야 함을 요구하고 있다.

⑦ 7.3.7 설계 및 개발 변경의 관리

설계 및 개발의 변경점 관리에 관한 사항으로 검토, 검증, 타당성 확인을 통해 승인이 되고 기록관리가 되어야 함을 요구하고 있다.

단원명 3. 사후 관리하기

③ ISO 9001 수행을 위한 절차서와 지침서 활용에 관한 지식

조직이 ISO 9001 요구사항을 충족시키기 위해서는 조직 내 구성원들에게 관련 역할을 부여하여 실행하게 하여야 한다. 그러므로 조직은 이러한 요건을 조직에 적합한 품질매뉴얼로 재작성하여 이를 올바로 수행하기 위해 각 업무를 중심으로 품질절차서 및 관련 지침서 등으로 문서화 하고 이를 실행하도록 하는 것이 중요하다.

품질매뉴얼은 ISO 9001 요구사항을 조직이 정한 각 부문의 역할에 따라 요구사항을 조직 내 업무분장을 하여 기술한 것이다. 하지만 품질매뉴얼은 결국 ISO 9001 요구사항을 조직간 업무분장으로 표현한 것에 불과하므로 실제 업무수행을 위해 참고하기에는 지나치게 원론적인 수준이다.

그러므로 실제 업무에 적용하기 위해서는 구체적 업무 순서 및 방법, 그리고 적부판정기준과 기록방법을 표준화하는 것이 필요하므로 ISO 9001을 준수하기 위해 규정한 품질매뉴얼을 기준으로 품질절차서 또는 지침서를 작성하여 이를 정확히 이행하는 것이 필요하다. 조직은 이러한 품질절차서 또는 지침서를 중심으로 조직의 업무를 수행하며 결과를 기록관리 함으로써 모니터링 할 수 있다.

결론적으로 각 조직의 부문은 ISO 9001에서 요구하는 요건을 중심으로 조직이 수행할 절차를 확정하여 문서화하는 것이 필연적이며, 당연히 결정된 절차에 따라 업무를 준수하는 것이 가장 효율적으로 업무를 수행하는 방안이 된다. 조직은 이러한 품질절차서의 명확성과 준수 여부를 체크하기 위해 내부감사를 통해 문제점을 체크하여 개선하고 있으며, 해당 조직의 사장은 체크 결과(부적합 보고서)를 바탕으로 경영검토를 실시한다. 경영검토 결과 조직의 부문장들에게 부적합에 대한 시정조치를 요구하여 품질절차서와 품질시스템을 유지개선 하고 있다.

다음은 설계 및 개발관리에 관한 품질절차서의 사례를 예시한 것이다.

품질 절차서 사례

1. 목 적
   고객 및 법적으로 요구된 제반조건에 대한 제품 설계 및 개발 업무를 보다 합리적이고 체계적으로 추진하는 데 그 목적이 있다.

2. 적용범위
   당사에서 제작하는 설비에 대한 설계 및 개발의 계획, 입·출력 및 제작과정 도면의 작성 및 관리, 설계 및 개발 검토, 설계 및 개발 검증과 유효성 확인 및 설계 및 개발변경업무에 대하여 규정한다.

3. 용어의 정의
   ① 설계 및 개발 입력: 설계출력에 기본이 되는 설계요건과 적용기준
   ② 설계 및 개발 출력: 설계입력에 의거 당사에서 작성한 설계계산서, 설계도면, 공정도, 작업표준, 수입·공정·최종검사 지침서, 사용설명서, 브로셔 등을 포함한다.

설계품질관리

> ✔ 수행 Tip
> o 설계 및 개발 출력물은 기업에 따라 설계 파일, 샘플 등 다양하게 표현될 수 있다.

③ 설계 및 개발 도면: 제품의 외부구조, 전체적인 치수 및 조립도 등을 규정한 도면
④ 설계 및 개발 검증: 설계출력이 설계입력 요구사항을 충족하는지에 대한 확인활동
⑤ 설계 및 개발 유효성 확인: 의도된 사용자의 요구사항이 충족되는가를 입증하기 위하여 설계 및 개발을 평가 하는 과정

4. 책임 및 권한
  ① 설계부장: 설계 및 개발 업무의 전반적 관리
  ② 제조부장: 설계 및 개발 검증
  ③ 영업부장: 설계 및 개발 유효성 확인, 설계 및 개발 검토 회의 운영

> ✔ 수행 Tip
> o 책임과 권한은 기업의 업무분장에 따른 것으로 조직마다 다를 수 있다. 예로 설계 및 개발 검토 회의 운영은 설계부장이 하는 경우도 있으며, 통상적으로는 고객과의 기술 미팅 등을 담당하는 부서가 검토 회의 운영 담당을 하고 있다.

5. 설계 및 개발 계획 프로세스
5.1 설계부장은 전체적인 제품 개발에 있어서의 각 업무현황과 책임을 나타내는 설계 및 개발 계획서를 작성한다. 설계 및 개발 계획은 최소한 다음사항을 파악해야 한다.
  ① 설계 및 개발 요구사항
  ② 설계 및 개발 일정 프로그램
  ③ 업무분장
  ④ 업무관계를 나타내는 업무명세 구조도
  ⑤ 각 단계별 업무를 진행시키도록 하는 검토사항들
  ⑥ 재원, 인력, 시설 등의 자원
  ⑦ 설계 및 개발을 계획대로 수행하게 하는 품질계획서, 설계 및 개발절차서, 표준 등의 관리
5.2 설계부장은 개발이 요구되었을 경우 개발계획을 추진하기 위한 설계 및 개발계획 회의를 개최하여야 한다. 회의는 대표이사, 설계부장 및 설계부장이 지정한 인원이 참석하며, 회의 결과는 설계부장에 의해 기록되어야 한다.
5.3 설계 및 개발 일정계획서는 설계 및 개발 계획회의에서 승인되어야 하며, 설계 및 개발이 진전됨에 따라 설계 및 개발 일정계획서는 갱신되도록 한다.
5.4 업무배정
  설계 및 개발에 관련된 업무와 인원은 설계 및 개발계획에서 파악되어야 하고, 사전에 배정되어야 한다.
5.5 연계사항
  ① 사내 연계사항: 설계 및 개발에 있어서 설계담당자는 품질관리부, 생산부, 영업부, 관리부와 필요

단원명 3. 사후 관리하기

시 설계 및 개발회의를 통하여 진행사항을 검토하고, 정보를 문서화하여야 한다.
② 사외 연계사항: 도면작성, 금형 제작, 시험, 연구개발, 외주생산, 인증, 컨설팅 등과 관계된 외부와의 모든 정보는 사외 연계에 대한 담당자가 지정되어야 하고 설계담당자에 전달되어야 한다.

6. 설계 및 개발 입력
6.1 설계 및 개발 입력 시 설계자는 다음 사항을 고려하여야 하며, 설계 및 개발입력은 설계부장에 의해 검토되고 설계 및 개발검토회의에서 승인되어야 한다.
   ① 부품, 재료, 공정의 사용과 선택
   ② 규격의 사용과 선택
   ③ 허용오차의 사용과 선택
   ④ 신뢰성, 안전성에 대한 예상성능 및 분석
   ⑤ 새로운 기술, 부품, 재료 및 공정의 평가
6.2 불완전하고 모순된 요건은 전문가나 경험자의 조언을 참고로 하며 설계 및 개발입력요건 작성자에 의해 시정되어야 하며, 설계부장의 승인을 받는다.

7. 설계 및 개발 출력
7.1 설계 및 개발출력의 일반요건
   ① 설계 및 개발입력 요구사항을 만족하도록 검증되거나 유효성 확인될 수 있는 방법으로 표현 및 문서화되어야 한다.
   ② 허용오차, 최대치, 최소치 등의 측정 가능한 판정기준을 포함하거나 인용하여야 한다.
   ③ 안전장치, 경고방안, 주의사항 표시 등 사용자의 안전에 관한 사항을 파악하고 반영하여야 한다.
   ④ 작동, 저장, 취급, 유지, 폐기 등 제품의 안전과 적절한 기능발휘에 중요한 설계 및 개발특성을 파악하여야 한다.
7.2 설계 및 개발출력문서는 설계 및 개발검토에 들어가기 전에 설계 및 개발자가 검토한 후에 배포하여야 한다.
   ① 제작도면의 작성
      조립도면, 부품 및 자재도면 및 승인도면으로 구성되는 작업도면은 기술요원이 코드, 규격 및 고객의 기술사양서에 근거하여 작성하며, 설계부장이 승인한다. 승인도면은 주요치수, 완전한 부품명세표 및 자재사양서, 코드 및 규격에 대한 인용을 포함하여 제품설계 및 개발의 레이아웃 및 합부 판정 기준을 보여 주는 외형도면을 말한다.
      설계자는 제작도면 작성 시 도면번호, 제목, 개정번호 및 기타사항을 지정하며, 서명 및 일자를 문서화하여야 한다.
   ② 기타 설계 및 개발출력문서의 작성
      공정도, 작업표준, 검사 및 시험지침서, 브로셔 등에 관하여 생산부, 영업부 및 외주업체와 협의하여 설계자가 작성한다. 작성 시 필요한 기계, 설비, 계측기 및 구입 가능한 자재와 부품을 고려하여야 한다.

> ✔ 수행 Tip
> o 개발출력문서의 작성에는 위 부서들과 품질보증부, 생산기술부 등이 참여하는 경우가 일반적이다.

설계품질관리

8. 설계 및 개발 검토

8.1 각 설계 및 개발 단계 또는 설계 및 개발계획에서 규정된 단계별로 공식적인 검토회의가 진행되어야 한다. 검토자는 사전에 지정된 자로 해당되는 분야에 외부 전문가를 포함시킬 수 있으며, 리더는 영업부장으로 한다.

8.2 검토의 기록은 보고서로 문서화되어야 한다. 보고서는 검토부서원들의 동의가 있어야 하며 다음 사항을 포함한다.
 ① 설계 및 개발검토의 기준
 ② 검토한 문서의 목록
 ③ 설계 및 개발이 요구사항을 충족시킨다는 증거
 ④ 다음단계로 진행하여도 되는지의 결정
 ⑤ 수정한 내용의 기록
 ⑥ 수정한 사유와 제안사항

8.3 설계 및 개발 검토는 설계 및 개발검토서에 작성하며 검토가 끝나면 검토자는 검토과정에서 발생한 설계 및 개발검토서를 설계부장에게 보내야 한다.

8.4 대표이사는 설계부장과 검토자 사이에 해결되지 않는 어떠한 검토의견도 해결해야 한다.

> ✔ **수행 Tip**
> o 일반적으로 Design Review는 설계자가 아닌 자를 리더로 하며, 기업에 따라 대표이사가 직접 주재하기도 한다. 이는 엄격한 검증이 이루어지도록 하기 위함이며 의견이 조정되지 않는 경우는 중재 기능이 요구되기 때문이다.

9. 설계 및 개발 검증

9.1 일반 요건

제품의 새로운 설계 및 개발의 양식이 도입되었을 때는 설계 및 개발검증이 수행되어야 한다. 검증의 형태는 다음과 같은 방법으로 이루어진다.
 ① 문서검토
 ② 실험실 테스트
 ③ 대체계산
 ④ 유사분석 또는 테스트
 ⑤ 대표샘플의 증명
 ⑥ 시제품(Prototype)

9.2 절차
 ① 생산부장은 설계 및 개발에서 배포된 도면에 따라 시제품(Prototype)을 제작한다.
 ② 견본제작이 완료되면 생산부장은 해당규격, 설계 및 개발도면 및 관련사양에 따라 견본에 대한 검사와 실험을 수행해야 하고 그 결과를 기록, 관리하여 한다.
 ③ 설계부장은 그 설계 및 개발이 고객요건과 적용사양에 부합하는지 보증하기 위해 검증 체크 결과를 검토해야 한다.
 ④ 설계 및 개발 검증결과 상이점이 발견되면 요구조건과 적용사양이 부합하도록 그 설계 및 개발은 변경되어야 한다.

9.3 책임
① 설계 및 개발을 수행한 사람과 설계 및 개발검증 수행한 사람 사이에 합의를 보지 못 할 경우 대표이사의 결정을 따른다.
② 설계부장은 개발완료보고서를 유지하고, 관리한다.

9.4 문서화
설계부장은 개발완료보고서로 설계 및 개발 검증을 문서화하며, 대표이사에 의해 승인을 받아야 한다. 그리고 개발완료보고서는 아래사항을 포함한다.
① 제품의 기능 및 특성
② 제품평가
③ 개발품의 활용방안

10. 설계 및 개발 유효성 확인

10.1 설계 및 개발 유효성 확인은 제품의 초도 생산로트에 대하여 영업부장이 수행하여야 한다. 설계 및 개발 유효성 확인은 다음의 방법으로 수행한다.
① 관련문서 및 자료 검토
② 유사제품의 사용된 기록 수집 및 분석
③ 테스트

> ✔ 수행 Tip
> ○ 설계 및 개발 유효성확인은 조직에 따라 품질보증부장 또는 기술부장이 주관할 수 있다.

10.2 사용자의 요구사항이나 제품의 특성을 파악하기 위한 방법으로 다음과 같은 형태의 시험을 실시할 수도 있다.
① 작동성능 데이터 및 기능 파악
② 신뢰성(reliability) 파악
③ 유지가능성(maintainability) 파악
④ 승인시험(qualification test)

11. 설계 및 개발 변경
① 설계 및 개발 변경에 대한 사항이 발생되면 설계담당자에게 설계 및 개발 변경 요청을 한다. 설계부장은 원본과 같은 방법으로 설계 및 개발 변경을 실시하여야 하며, 설계 및 개발 변경통보서(F702-5)를 작성하여 통보한다.
② 설계 및 개발 출력문서 및 도면의 각 장마다 새로운 개정표시 및 서명을 한다.
③ 개정된 설계 및 개발 출력문서는 원본과 같은 방법으로 배포한다.

> ✔ 수행 Tip
> ○ 설계 및 개발이 변경되는 경우 고객사의 승인 및 제조부문의 대량 폐기 발생의 위험 등으로 인해 품질보증부와 반드시 협조되어야 한다. 그러므로 다수의 기업은 설계변경점 관리규정을 제정하여 엄격히 관리하고 있다.

설계품질관리

12. 해당 양식 및 기록

양 식 명	양식 번호	승 인 자	기록보존기간
개발 요청서	F702-1	대표이사	영구
설계 및 개발 계획서	F702-2		
설계 및 개발 검토서	F702-3		
설계 및 개발 완료 보고서	F702-4		
설계 및 개발 변경 통보서	F702-5		
도면관리대장	F702-6		

✔ **수행 Tip**
o 보존 기간은 설정하기에 따라 다릅니다. 일반적으로 문서들은 일반적으로 5년, 10년 그리고 영구보존으로 보존 기간을 설정한다. 특히 도면 및 도면 관리 대장 같은 경우는 가장 긴 보존 기간을 선택한다. 즉 영구 보존을 하는 경우가 많다.
o 양식 및 기록 보존 기간에서 도면 파일 또는 수행 시 발생한 관련 자료도 포함시키는 경우가 일반적이다.
o 양식 및 기록의 보존을 위한 승인자는 업무의 원활함을 위해 대표이사보다는 임원이나 설계부장이 수행하는 경우가 일반적이다.

실기내용   ISO 9001의 이해

1 ISO 9001 에 관한 기본 용어 이해하기

ISO 9001에서 요구하고 있는 용어 중 다음 내용이 무엇을 설명하는지 조사하여 정리하십시오.
① 품질매뉴얼
② 조직
③ 타당성 확인
④ 검증
⑤ 신뢰성

2 품질인증시스템 이해하기

다음은 ISO 9001을 비롯한 제조 현장에 요구되고 있는 설계 및 개발과 관계되는 대표적인 품질 인증시스템들입니다. 어떠한 업종 또는 용도로 요구되는 인증시스템인지 조사하여 정리하십시오.
① KC 마크
② ISO 14001
③ TS 16949

단원명 3. 사후 관리하기

장비 및 도구, 소요재료

구 분	명 칭	규격(사양)	1대당 활용인원
장 비	컴퓨터	공용	1
	문서관리프로그램	공용	1
공 구			
소요재료	복사지		

안전유의사항

1. 설계 및 개발관리에 관한 품질절차서의 내용을 이해하고 설계 및 개잘 업무 수행 시 구성원으로 활동할 수 있는 능력을 갖춘다.

관련 자료

1. 이순룡, 품질경영론 제2판, 2004.02, 법문사
2. 한국생산성본부, 개발설계최적화를 위한 품질원가혁신실천, 2014.03
3. ISO 9001 요구사항, 기술표준원, 2010

설계품질관리

3-4 설계출력물의 보관 및 이력관리 방법

교육훈련 목표
- 도면 등 설계 출력물에 대한 보관 및 이력관리를 사내 업무 규정에 따라 최적의 상태로 유지할 수 있다.

필요 지식   도면 등 설계 출력물의 보관 및 이력관리 방법의 이해

1 설계도면 등 설계 출력물의 보관 및 이력관리 이해

설계 및 개발 단계에는 출력물인 도면 등과 설계를 위한 여러 가지 관련문서 즉 서적, 특허 관련 사항, KS 규격, 부품관련 정보, 제조공정 정보, 신뢰성시험 정보 및 설계 및 개발관련 업무 회의록 등 하나의 제품 또는 산출물과 관련된 정보들이 매우 다양하며, 또한 개발과정 중 오류 등으로 인해 수정이 잦아 문서 및 기록류의 관리를 체계적으로 하지 못하면 많은 문제가 발생할 수 있다.

설계 단계에서는 협의하거나 고려된 사항이 최종 출력물에 누락되는 경우가 발생되며, 제조 단계에서는 심지어 오류 상태의 문서가 제시되어 심각한 작업지연이 발생되기도 한다. 또한 차기 신제품 개발에 기존의 정보가 전임자의 전직이나 전출 시 과거 정보의 검색이 원활하지 않으므로 인해 같은 오류가 반복되어 발생되는 경우가 종종 발생한다.

그러므로 설계 정보는 제품 및 설계 단계별로 관련 내용이 검색 가능하여야 하며, 특히 개정 관리에 노력하여 결과물이 과거의 것이 사용되는 최악의 문제가 발생되지 않도록 관리하는 것이 필요하다.

그래서 많은 기업들은 일반 문서관리와 별도로 설계 및 개발결과물에 대한 관리지침서를 만들어 시행함으로써 관리 부재로 인한 설계문제를 발생시키지 않도록 하고 있다.

2 설계출력물 관리 지침의 예시

설계출력물(도면) 관리를 위해 설계부서에서는 문서관리와 별도로 설계출력물에 대한 관리지침을 규정하여 관리하고 있다. 이러한 지침은 설계 및 개발부서에서 발행하는 도면들의 작성, 배포, 회수, 폐기 및 보존 등에 대한 기준 및 절차를 정함으로써 도면의 효율적인 사용과 기술 보안 및 기술 축적 등에 대한 업무를 관리하는데 유용하게 활용될 수 있다.

다음은 설계 업무를 하는 부서와 도면의 배포가 이뤄지는 부서에 있어 원도, 개정도 및 구분의 환수 및 폐기에 관련하여 발생하는 수행업무를 설명한 것이다.

① 설계출력물의 범위 와 유형

생산·제작에 사용되는 도면 및 관련 자료로 설계부문에서 작성하거나 고객 또는 기술제휴선으로 부터 제공받는 도면 및 관련 자료로 도면의 유형을 일반적으로 다음과 같다.

단원명 3. 사후 관리하기

　　ⓐ 도면: 양산품 또는 수주된 프로젝트 수행에 필요한 설계도면 및 제작도면
　　ⓑ 원도: 사내에서 규정된 CAD로 생성된 도면을 포함한 규격화된 Tracing용지에 설계 기본 사항을 준수하여 청사할 수 있도록 제도된 도면의 통칭
　　ⓒ 제2원도: 원도를 Sepia 또는 Tracing용지에 복사한 형태로 원도 기능을 대신할 수 있는 도면
　　ⓓ M/F(마이크로 피쳐 도면): 도면을 축소하여 필름화한 Roll 자료

② 도면 등 설계출력물 관리 업무의 범위
　　ⓐ 도면 색인 대장의 유지 관리
　　ⓑ 원도 대출 및 열람 관리
　　ⓒ 원도 반출 관리
　　ⓓ 도면실에 보존 중인 원도의 상태 관리
　　ⓔ 변질 또는 파손된 원도의 재생 조치
　　ⓕ 도면관리대장의 관리

③ 원도의 출도 와 배포처 관리
　　ⓐ 설계자는 설계 검증 또는 유효성 검토가 끝나면 고객의 승인 등을 얻어, 배포를 위해 필요한 부수만큼 도면을 복사 또는 청사('복사도')한다.
　　ⓑ 설계자는 복사도에 필요한 스템핑을 하고(예; For Fabrication 등), 도면 배포부서에 '도면배포대장' 사본과 '복사도' 를 사용 부서에 배포한다. 이 때 사본에 배포처의 일자 및 서명을 반드시 받아 보관한다.

④ 개정된 도면의 출도와 관리
　　ⓐ 설계자는 설계관리절차에 따라 변경된 도면을 원도의 출도와 동일한 방법으로 사용 부서에 출도한다.
　　ⓑ 개정된 도면을 접수한 부서는 도면 및 '도면배포 대장' 의 구본을 회수하여 정해진 기간 내에 개발(설계) 부서로 반납한다. 설계자는 '도면 배포 대장' 에 구본 회수 일자를 기록하고 서명한다.
　　　원거리로 인하여 등기우편, 파우치 등에 의해 개정본을 접수한 경우 해당 도면 및 도면배포대장의 구본을 회수하여 현장에서 폐기 할 수 있으며, 우송된 도면 배포 대장 사본에는 해당 구본을 "폐기조치했음" 을 명시하고 이를 입증할 수 있도록 하여 개발 부서로 반송한다.
　　　단, 구본은 반드시 회수함이 원칙이나 설계 부서 및 관련 부서는 업무 참조를 위하여 "VOID(폐기)" 스템핑을 하여 보관할 수 있으나 반드시 식별 가능한 상태여야 함을 주의하여야 한다.
　　ⓒ 회수된 구본은 소각 등에 의해 폐기처분한다.

설계품질관리

⑤ 출도 도면의 현장 관리
  ⓐ 출도된 도면이 사용 중 훼손, 오염 등으로 인하여 계속 사용이 곤란한 경우, 개발 부서에 요청하여 재배포 받도록 한다.
  ⓑ 출도된 도면은 오자, 탈자 이외에는 사용 부서에서 임의수정은 불가하다.
  제작 일정 또는 제작 공정을 감안하여, 임의조치가 설계자에 의해서만 선 조치로서 생산·제작 현장에 있는 출도 도면의 해당 사항을 수정할 수 있다. 하지만 임의 수정이 발생하면 수정 내용에 본인의 서명 및 날짜를 기입하여야 하며, 해당 도면의 원도를 수정하여 각 사용 부서에 즉시 재출도 한다.

⑥ 원도의 보관 및 보존
  특정 프로젝트 또는 계획된 제품의 생산이 완료되면 설계자는 사용했던 원도를 도면보관실로 이관하여 영구 보관 및 보존되도록 하며 다음과 같은 순서로 원도를 분류 정리한다.
  ⓐ 제품 또는 프로젝트별로 Full Set 도면을 도면 내용의 전후 관계에 따라 정리한다.
  ⓑ 설비 부문(Pjt Group), 설비명(Facilities), 설비 계통(Ass'y), 설비 단위(Item), 도면 기능(Function) 및 용도별로 분류 정리한다. 원도 정리 후 '도면 관리 대장'을 작성한다.
  ⓒ 설계자는 분류 정리된 원도와 '도면 관리 대장'을 해당 부서장의 승인을 얻은 후 도면 보관 담당자에게 제출하고, 도면 담당자는 접수된 '도면 관리 대장'과 원도를 대조 확인한 다음 보관 위치를 결정하여 지정된 위치에 원도를 보관한다.
  ⓓ 도면 담당자는 '도면 관리 대장'에 보존위치를 기입하여 원본은 자체 보관하고 복사본은 설계자에 배포한다.

⑦ 원도의 보존
  도면 담당자는 보관 원도가 변질 또는 파손되지 않도록 예방 조치를 취하여야 하며, 변질이나 파손 등으로 원도의 유지가 곤란 할 때에는 개발부서장에게 통보한 후 제 2원도로 복원 조치되도록 한다.

⑧ 원도의 폐기
  원도는 파손 또는 변질되어 제2원도가 만들어진 경우, 제품이 사장된 원도로서 업무의 이용률이 끝난 경우에 한하여 폐기할 수도 있다. 원도의 폐기는 부서장 책임아래 소각을 한다. 이 때 배포본도 모두 폐기한다.

⑨ 도면관리 사고 및 복구
  도면이 분실, 도난 및 훼손되거나 무단복사 및 소요량 이외의 과다 복사가 발생한 경우 및 급기야 사외에 무단반출이 발생된 경우는 기술이 유출 등의 관점에 해당되므로 심각한 문제로 볼 수 있다. 그러므로 도면 관리 사고를 발견한 자는 사고 일시, 장소, 사고 내용 등을 설계부서 또는 도면관리 담당자에게 신고하여야 하므로 이를 제도화 하여야 한

단원명 3. 사후 관리하기

다.
도면에 대한 훼손, 분실은 개발 부서에 의해 원상, 회복될 수 있는 방안의 수립 하고, 이러한 사고가 발생한 원인에 대해 품질경영시스템 매뉴얼 및 절차서에 따라 분석하고 시정 및 예방조치가 이루어져야 한다.

⑩ CAD 데이터 관리
CAD로 작성된 제품도면의 CAD Data는 비밀번호에 의한 도면 보안 장치를 한다. 또한 Computer의 손상을 대비해서 CAD Data는 사내 메인 컴퓨터에 저장하여 Back-up이 되도록 관리한다.

| 실기내용 | 설계출력물 관리 지침서 이해 |

1 설계 출력물 관리 지침서 이해하기

설계출력물의 관리는 제조 단계의 효과적 관리와 차기 설계의 지침서로 활용 되므로 가장 기본이 되는 업무입니다. 전 단원에서 학습한 품질절차서와 지침서의 차이가 무엇인지 조사하여 기술하시오.

장비 및 도구, 소요재료

구 분	명 칭	규격(사양)	1대당 활용인원
장 비	컴퓨터	공용	1
	문서관리프로그램	공용	1
공 구			
소요재료	복사지		

설계품질관리

안전유의사항

① 설계 및 개발 업무의 출력물인 도면과 관련 기록을 오류 없이 제조 공정에 연결하고 차기 설계 시 참조하기 위해 보관 및 이력관리 하는 방법을 이해하고 실천하여 표준에서 발생하는 오류를 발생시키지 않는 능력을 습득한다.

관련 자료

① 이순룡, 품질경영론 제2판, 2004.02, 법문사
② 한국생산성본부, 개발설계최적화를 위한 품질원가혁신실천, 2014.03

단원명 3. 사후 관리하기

단원명 3 　교수방법 및 학습활동

교수 방법

- (강의법 및 시연) 설계품질관리의 기본 개념, 공정 및 부문별 설계지침서 활용법, 설계종합계획수립 시 고려할 사항, 품질관리 절차서를 활용한 설계품질 검증 방법, ISO 9001의 활용법에 대한 개념의 정립을 통해 설계품질관리에 대한 중요성을 인지시킨다.
- (토의법) 강의법에서 언급한 내용에 대해 학습자와 교수자, 학습자 간 토의를 통해 문제 해결 방안, 방지 대책 등에 대해 토론을 통해 의견을 나누어 본다.

학습 활동

- (강의 참석) 교육·훈련 일정표에 따라 진행되는 강의에 참석하고 강의 내용을 이해하도록 노력한다.
- (문제해결 / 협동학습) 설계지침서, 설계종합계획, 품질관리 절차서를 검토하여 설계품질과 관련된 내용을 조사하여 분야별 문제점을 해결하기 위해 모둠을 구성하여 협동학습을 통해 설계적인 문제점을 파악해보고 이를 해결할 수 있는 방안을 모색한 후 그 결과를 발표를 통해 학습원들과 의견을 교환한다.

설계품질관리

단원명 3 | 평가

평가 시점

- (정기시험)중간고사 및 기말고사 기간에 학습자들이 설계품질관리의 기본 개념, 공정 및 부문별 설계지침서 활용법, 설계종합계획수립 시 고려할 사항, 품질관리 절차서를 활용한 설계품질 검증 방법, ISO 9001의 활용법과 관련하여 학습한 내용을 확인하며, 기말고사에서는 내용의 중요도에 따라 반복하여 평가를 실시한다.

평가 준거

평가자는 피평가자가 수행 준거 및 평가 내용에 제시되어 있는 내용을 성공적으로 수행할 수 있는지를 평가해야 한다. 평가자는 다음 사항을 평가해야 한다.

평가영역	평가항목	성취수준		
		우수하다	보통이다	미흡하다
사후 관리하기	설계품질관리와 표준활용 방법			
	설계종합계획 관리방법			
	품질관리 절차서 및 지침서 활용방법			
	설계출력물 보관 및 이력관리 방법			

- 성취수준 : 평가항목에 따라 성취수준을 체크, '우수하다'는 학습자 스스로 (완벽히) 수행이 가능한 경우, '보통이다'는 타인의 도움을 받아 수행하는 경우, '미흡하다'는 수행이 어려운 경우로 만약 학습자가 특정 문항에 '미흡하다'로 체크가 된다면 취약한 분야에서 성취해야 하는 필요 능력에 대한 피드백 실시

단원명 3. 사후 관리하기

평가 방법

평가영역	평가항목	평가방법
설계 중 관리하기	설계품질관리와 표준활용 방법	과정평가 결과평가 서술형시험 사례연구 포트폴리오
	설계종합계획 관리방법	
	품질관리 절차서 및 지침서 활용방법	
	설계출력물 보관 및 이력관리 방법	

평가 문제

1. 제조(적합)품질의 기본이 되는 품질로서 도면, 시방서 및 규격 등으로 표현되는 품질로 '이 것'을 확보하는 것은 고객만족경영에 필수적인 원류적 기능으로 기업의 경쟁력을 좌우하는 요인이 된다. 이것은?
   -
   -
   -

2. 소비자의 기대품질로서 고객이 필요로 하고 있는 품질특성을 의미하며, 설계나 판매정책에 반영하는 품질은?
   -
   -
   -

3. 다품종변량생산시대에 맞춰 일반적 제조업의 생산방식은 SCM(Supply Chain Management & Manufacturing)에서 요구하는 생산방식으로 진화되고 있다. 이 생산방식은 무엇인가?
   -
   -
   -

4. 고객이 요구하는 참품질을 언어표현에 의해 체계화하여 이것과 품질특성과의 관련을 짓고, 고객의 요구를 제품의 설계특성으로 변화시키며 품질 설계를 실행해나가는 매트릭스 도표가 품질설계에서 매우 유용하게 사용되고 있다. 이와 같은 품질표를 사용하는 기법은?

설계품질관리

-
-
-

5. 설계의 불완전이나 잠재적인 결함을 찾아내기 위하여 구성요소의 고장모드와 그 상위 아이템에 대한 영향을 해석하는 기법은?

-
-
-

6. 설계 정보는 제품 및 설계 단위별로 관련 내용이 검색 가능하여야 하며, 특히 개정관리에 노력하여 결과물이 과거의 것이 사용되는 최악의 문제가 발생되지 않도록 관리하는 것이 필요하므로 많은 기업들이 일반 문서관리와 별도로 만들어 관리하는 지침서는?

-
-
-

7. ISO 9001 설계 및 개발의 요구사항의 7 가지 세부단계에서, '설계의 세부단계에서 설계업무의 진도관리를 비롯하여 설계업무가 해당 주체에 대해 적절성, 충족성, 효과성 및 효율성이 적정한지 설계검토를 통해 문제를 파악하고 필요한 조치를 제시하도록 요구' 하고 있는 단계는?

-
-
-

8. ISO 9001 요구사항을 조직이 정한 각 부문의 역할에 따라 요구사항을 조직 내 업무 분장을 하여 기술한 문서는?

-
-
-

9. ISO 9001에서 '규정된 요구사항이 충족되었음을 객관적 증거의 제시를 통해 확인하는 것'에 해당하는 용어는?

-
-
-

단원명 3. 사후 관리하기

10. ISO 9001에서 기업을 뜻하는 용어는?
    -
    -
    -

11. "고장모드-치명도, 불량원인-빈도, 검출방법-검출도(통상적으로 각각 10점 만점)로 직접평점한 후 영향도(치명도)×발생도(빈도)×검출도를 계산하여 상대적으로 '이것이' 높은 항목을 우선으로 선택하는 방법이다." 에서 이것은 무엇인가?
    -
    -
    -

12. ISO 9001 설계 및 개발의 요구사항의 7가지 세부단계에서, '그 단계에서 입력 사항이 충족되었음을 입증할 수 있도록 기록하고, 합격판정기준을 합의된 기준으로 설정하여 실행할 것을 요구' 하고 있는 세부단계는 무엇인가?
    -
    -

13. 품질루프(Quality Loop)가 무엇인지 설명하시오.
    -
    -

14. ISO 9001 품질경영시스템 요구사항의 구성항목 8가지를 서술하시오.
    -
    -

피드백

1. 평가자 질문
- 질문에 대한 피평가자의 답변을 유도하도록 노력하고 잘 못된 답변에 대해 피평가자 스스로 답을 구할 수 있도록 지도합니다.

2. 사례연구
- 사례연구 결과를 모든 학습자와 공유하여 확인 학습할 수 있도록 데이터화하여 제시
- 제출한 내용을 평가한 후 수정사항과 주요 사항을 표시하여 다음 수업 시간에 확인 설명

설계품질관리

학습 정리

단원명 1 사전예방 관리하가

- 안정성 여부 확인
  PL, 품질관련 법규 및 인증
- 안전성 검토비법을 활용 설계방향 선정
  신뢰성의 정의, 신뢰성 시험 항목, 신뢰성 분류
- 기계특성에 맞는 재질과 요소부품의 적정성 확인
  철계 및 비철계 재료 특성, 물리적/기계적 특성 분류

단원명2 설계 중 관리하기

- 개별 요소시스템의 구성 상태 확인
  설계 입력요소, 부품 검토요소, 조립도, 부품도, 설계변경
- 기계 특성에 맞는 설계 검토
  설계계산서, 설계검토서
- 기계 성능과 품질상태 확인
  도면 설계검증, BOM
- 단계별 상호 적합성 검토
  시작설계, 파일럿 설계, 설계 타당성 검증
- V.E. 적용방법
  가치공학, 가치공학 적용 기본 원칙, 프로세스별 활동 내용
- 제작공정을 고려한 설계
  설계와 공정과의 관계 이해

단원명 3 사후 관리하기

- 설계품질관리와 표준 활용방법
  설계품질관리 개념, 품질 루프, FMEA, 설계 표준활용
- 설계종합계획 관리방법
  단계별 계획 수립, 설계개발계획서
- 품질관리 절차서 및 지침서 활용방법
  ISO 9001, 품질인증시스템
- 설계 출력물의 보관 및 이력관리 방법
  출력물 관리 지침

종합 평가

종합 평가

평가문항 1: 유효성 확인 시험을 위해서는 정해진 운용 조건하에서 성능 시험을 하며 최종 제품에 대해 실시함을 원칙으로 하나, 필요시 최종 제품이 제작되기 전에 실시할 수 있다. 설계검증방법을 6가지 예시하고, 만약 설계가 요구하는 성능을 발휘하지 못할 경우에는 어떻게 해야 하는지 설명하시오.

(답) ① 대체 계산 : 스트레스, 변위, 용량, 열전달 등 기계적 성질과 물리적 성질의 계산.
② CAD 작성 : 최대 실체조건 등의 산출
③ 솔리드 모델링 및 FEA(Finite-Element Analysis ; 유한요소분석법)
④ 시작품 제작
⑤ 측정 검사 및 성능 시험
⑥ 외부기술 이용 등

설계가 요구하는 성능을 발휘하지 못할 경우에는 원인을 파악하여 필요에 따라 설계 계획 단계부터 재검토한다.

설계품질관리

평가문항 2: 설계 업무를 추진하다 보면
① '제품 개발 및 DR(Design Review) 프로세스'가 불분명한 경우
② '개발 목표가 명확하지 않는 상황'에서 개발이 진행되는 경우
③ '제품개발정보가 생산부서에 원활히 공유되지 않는 경우 등의 여러 가지 문제가 나타난다. 각각에 대한 문제로 발생되는 문제를 예시하고 이러한 문제를 효과적으로 해결하기 위한 방안을 설명하시오.

(답) ① 제품 개발 및 DR(Design Review) 프로세스가 불분명한 경우 :
　　개발 제품의 품질, 원가, 납기의 검증 및 리스크 관리가 잘 안 되는 것은 물론 설계 업무에 있어 불필요한 프로세스의 수행으로 인한 업무과다와 낭비 발생이 나타나게 된다.
② 개발 목표가 명확하지 않는 상황에서 개발이 진행되는 경우 :
　　개발 후 수익성이 없거나, 경제성 없는 개발로 나타나는 경우가 많이 발생한다.
③ 제품개발정보가 생산부서에 원활히 공유되지 않는 경우 :
　　신규제품의 초도관리가 지연되어 양산 전 충분한 검토가 이루어지지 않아 양상 시트러블 및 낭비가 많이 나타난다.

이러한 문제를 해결하기 위해서는 개발단계의 설계품질보증시스템을 구축하고, 개발정보의 공유와 설계 단계적 DR(Design Review) 업무가 체계적으로 실시되는 것이 필요하다. 이러한 단계적 활동은 개발일정을 효과적으로 관리하기 위해 설계 계획 시점에서 프로그램화하여 설계종합계획 일정이 수립되어 관리되는 것이 효과적이다.

평가문항 3: 도면 등 설계출력물의 관리업무의 범위를 예시하고, 만약 개정이 되었을 때 구본에 대한 조치방법이 무엇인지 설명하시오.

(답) 도면 등 설계출력물의 관리범위
① 도면 색인 대장의 유지 관리
② 원도 대출 및 열람 관리
③ 원도 반출 관리
④ 도면실에 보존 중인 원도의 상태 관리
⑤ 변질 또는 파손된 원도의 재생 조치
⑥ 도면관리대장의 관리

개정이 되었을 때 구본에 대한 조치 방법
개정된 도면을 접수한 부서는 도면 및 '도면배포 대장'의 구본을 회수하여 정해진 기간 내에 개발(설계) 부서로 반납한다. 설계자는 '도면 배포 대장'에 구본 회수 일자을 기록하고 서명한다. 만약 원거리로 인하여 등기우편, 파우치 등에 의해 개정본을 접수한 경우 해당 도면 및 도면배포대장의 구본을 회수하여 현장에서 폐기할 수 있으며, 우송된 도면 배포 대장 사본에는 해당 구본을 "폐기조치했음"을 명시하고 이를 입증할 수 있도록 하여 개발 부서로 반송한다.
구본은 반드시 회수함이 원칙이나 설계 부서 및 관련 부서는 업무 참조를 위하여 "VOID (폐기)" 스템핑을 하여 보관할 수 있으나 반드시 식별 가능한 상태여야 함을 주의하여야 한다.
회수된 구본은 소각 등에 의해 폐기처분한다.

설계품질관리

평가문항 4: 고객요구품질을 대용특성으로 전환하는 품질해석단계의 절차를 설명하고, 이러한 설계품질관리를 올바르게 진행하기 위한 절차인 '품질기능전개(Quality Function Deployment)'가 무엇인지 설명하시오.

(답) ① 고객요구사항인 참 특성을 파악한다.
② 참 특성에 해당하는 측정 가능한 대용특성을 결정한다.
③ 대용특성을 나열하고 참 특성과의 관계를 경쟁사 또는 소비자 평가 등을 고려하여 관련성을 올바르게 파악하여 정리한다.

품질기능전개는 '품질하우스(House of Quality)'를 중심으로 설계해가는 기법으로 고객이 요구하는 '무엇(What)'과 고객의 요구를 충족시키기 위해서 제품과 서비스를 '어떻게(How)' 설계하고 생산할 것인지를 서로 관련시켜 나타내는 품질표이다.

평가문항 5: ISO 9001은 조직의 품질시스템 구축을 위해 품질매뉴얼을 작성한 후 품질절차서를 작성할 것을 요구하고 있다. 품질절차서의 작성이 왜 필요한지 이유를 설명하시오.

(답) 조직이 ISO 9001 요구사항을 충족시키기 위해서는 조직 내 구성원들에게 관련 역할을 부여하여 실행하게 하여야 한다. 그러므로 조직은 이러한 요건을 조직에 적합한 품질매뉴얼로 재작성하는데, 이러한 품질매뉴얼은 ISO 9001 요구사항을 조직이 정한 각 부분의 역할에 따라 요구사항을 조직 내 업무분장을 하여 기술한 것이다. 하지만 품질매뉴얼은 결국 ISO 9001 요구사항을 조직간 업무분장으로 표현한 것에 불과하므로 실제 업무수행을 위해 참고하기에는 지나치게 원론적인 수준이다. 그러므로 실제 업무에 적용하기 위해서는 구체적 업무 순서 및 방법, 그리고 적부판정기준과 기록방법을 표준화하는 것이 필요하므로 ISO 9001을 준수하기 위해 규정한 품질 매뉴얼을 기준으로 품질절차서(또는 지침서)를 작성하여 이를 정확히 이행하는 것이 필요하다. 조직은 이러한 품질절차서(또는 지침서)를 중심으로 조직의 업무를 수행하여 결과를 기록·관리함으로써 모니터링 할 수 있게 된다. 결론적으로 각 조직의 부문은 ISO 9001에서 요구하는 요건을 중심으로 조직이 수행할 절차를 확정하여 문서화하는 것이 필연적이며, 당연히 결정된 절차에 따라 업무를 준수하는 것이 가장 효율적으로 업무를 수행하는 방안이 된다.

설계품질관리

참고자료 및 사이트

① 공병채, 기계설계분야 모듈교재, 품질관리, 2013.09, 한국산업인력공단
② 한석만, 석호삼, 기계설계분야 모듈교재, 설계 검증, 2013.12, 한국산업인력공단
③ 소재부품종합정보망, http://www.mctnet.org
④ 미국 국방부 홈페이지, http://www.defense.gov
⑤ 김경진, 양지경, 기계생산관리분야 모듈교재, 생산공정설계, 2010.11, 한국산업인력공단
⑥ 이순룡, 품질경영론 제2판, 2004.02, 법문사
⑦ 박성현 외, 개정판 통계적공정관리, 2005.09, 민영사
⑧ 한국생산성본부, 개발설계최적화를 위한 품질원가혁신실천, 2014.03
⑨ ISO 9001 요구사항, 기술표준원, 2010

■ 집필위원
　양학진

■ 검토위원
　양희정
　마정범

기계시스템설계
설계품질관리

초판 인쇄 2016년 05월 09일
초판 발행 2016년 05월 13일
저자 고용노동부 · 한국산업인력공단
발행인 김갑용
발행처 진한엠앤비
주소 서울시 서대문구 독립문로 14길 66 205호
　　 (냉천동 260, 동부센트레빌아파트상가동)
전화 02) 364 - 8491(대) / 팩스 02) 319 - 3537
홈페이지주소 http://www.jinhanbook.co.kr
등록번호 제25100-2016-000019호 (등록일자 : 1993년 05월 25일)
ⓒ2016 jinhan M&B INC, Printed in Korea

ISBN 979-11-7009-580-4 (93550)　　　[정가 12,000원]

☞ 이 책에 담긴 내용의 무단 전재 및 복제 행위를 금합니다.
☞ 잘못 만들어진 책자는 구입처에서 교환해드립니다.
☞ 본 도서는 [공공데이터 제공 및 이용 활성화에 관한 법률]을 근거로
　 출판되었습니다.